Akash Vidyadharan
Christina Bloebaum

Análise das operações dos UAS através da modelação do valor

Akash Vidyadharan
Christina Bloebaum

Análise das operações dos UAS através da modelação do valor

ScienciaScripts

Imprint
Any brand names and product names mentioned in this book are subject to trademark, brand or patent protection and are trademarks or registered trademarks of their respective holders. The use of brand names, product names, common names, trade names, product descriptions etc. even without a particular marking in this work is in no way to be construed to mean that such names may be regarded as unrestricted in respect of trademark and brand protection legislation and could thus be used by anyone.

Cover image: www.ingimage.com

This book is a translation from the original published under ISBN 978-620-2-30551-8.

Publisher:
Sciencia Scripts
is a trademark of
Dodo Books Indian Ocean Ltd. and OmniScriptum S.R.L publishing group

120 High Road, East Finchley, London, N2 9ED, United Kingdom
Str. Armeneasca 28/1, office 1, Chisinau MD-2012, Republic of Moldova, Europe
Printed at: see last page
ISBN: 978-620-7-66242-5

NOMENCLATURA

UAS	Unmanned Aircraft System
UAV	Unmanned Aerial Vehicle
NAS	National Airspace System
SHM	Structural Health Monitoring
NDE	Non-Destructive Evaluation
FAA	Federal Aviation Administration
NTIA	National Telecommunications & Information Administration
IRB	Institutional Review Board
SE	Systems Engineering
MDO	Multidisciplinary Design Optimization
MOO	Multi-Objective Optimization
VDD	Value-Driven Design
DSM	Design Structure Matrix
DV	Design Variables
AL	Autonomy Level
TRL	Technology Readiness Level
ATRA	Autonomy and Technology Readiness Assessment
GNC	Guidance Navigation Control
GPR	Ground Penetrating Radar
GPS	Global Positioning System
IMU	Inertial Measurement Unit
FPV	First Person View

AGRADECIMENTOS

Antes de mais, gostaria de expressar a minha sincera gratidão à minha professora e conselheira principal, a Dra. Christina Bloebaum, pelo seu apoio e orientação contínuos ao longo da minha licenciatura concomitante em Engenharia Aeroespacial. Os seus valiosos conselhos e a sua visão das oportunidades no domínio da engenharia aeroespacial deram-me o conhecimento e a força para perseverar neste programa exigente. Gostaria também de agradecer ao meu co-professor principal, Dr. Halil Ceylan, por ter partilhado as suas pérolas de sabedoria e a sua perspetiva única sobre o campo e por me ter proporcionado muitas oportunidades e experiências valiosas com projectos da FAA e do Departamento de Engenharia Civil.

Gostaria também de agradecer aos membros do meu comité, Dr. Thomas Ward III e Dr. Clark Wolf, pela sua orientação, encorajamento e críticas construtivas necessárias para a conclusão da minha dissertação. A minha sincera gratidão vai também para os meus mentores e amigos, Dr. Hanumanthrao Kannan, Dr. Benjamin Kwasa, Dr. Sunghwan Kim, Dr. Gopalakrishnan Kasthurirangan, Robert, Chris, David, Subu, Suresh e Nazreen, que me orientaram, encorajaram e apoiaram ao longo da minha investigação e fizeram da minha passagem pela Iowa State University uma experiência maravilhosa.

Gostaria de agradecer aos meus pais e à minha irmã, que acreditaram nas minhas capacidades e sem o seu amor e apoio incondicionais talvez isto não fosse possível. Por último, mas não menos importante, gostaria de agradecer ao meu melhor amigo Tyler Carter, que tem sido uma imensa influência positiva para mim durante o meu tempo na Iowa State University.

RESUMO

Nos últimos anos, a utilização de UAS evoluiu muito para além do domínio das operações militares e chegou às mãos dos consumidores e das indústrias comerciais. Embora as aplicações dos UAS na indústria comercial sejam virtualmente infinitas, há muitas questões relacionadas com o seu funcionamento que devem ser consideradas antes de estes valiosos equipamentos serem autorizados a operar livremente nos céus. Atualmente, a operação de UAS no domínio público é regulada e controlada pelos regulamentos da FAA ao abrigo da Parte 107, na sequência de uma pressão esmagadora do público através da anterior isenção 333 [1]. Para abordar estas questões mais vastas, são utilizados modelos de valor neste documento para quantificar o papel que os diferentes cenários ambientais e operacionais desempenham nas operações de UAS, consoante a tarefa a realizar.

O principal objetivo desta investigação é utilizar os atributos dos factores-chave dos UAS, como os níveis de autonomia (AL) e os níveis de prontidão tecnológica (TRL), juntamente com os seus factores de cenário operacional, como a complexidade ambiental e a complexidade da tarefa, com base no ambiente operacional em que o UAS executa a sua tarefa. Para analisar o desempenho dos UAS autónomos em diferentes cenários operacionais, as características físicas e a classe do UAS podem ser associadas ao seu AL e TRL. Estes parâmetros são utilizados para quantificar os riscos a que o UAS está exposto numa determinada missão e atribuir um valor às entidades abstractas envolvidas. Embora existam muitas questões críticas relacionadas com as boas práticas que têm de ser seguidas pelos operadores de UAS para obter dados e informações valiosos sobre as estruturas a analisar e monitorizar, há muitos outros desafios importantes relacionados com as operações de UAS em grande escala, como as implicações éticas, jurídicas e sociais que têm de ser abordadas.

CAPÍTULO 1

INTRODUÇÃO

A adoção da tecnologia UAS em grande escala pode muito bem ser o próximo grande avanço tecnológico no domínio da aviação para realizar uma variedade de aplicações de uma forma relativamente segura e rentável. Prevê-se que este avanço crie milhares de novos postos de trabalho e milhares de milhões de dólares em desenvolvimento económico [2]. A introdução de UAS no Sistema Nacional de Espaço Aéreo (NAS) traz muitos benefícios e alguns inconvenientes que se traduzem em ganhos e perdas para as várias partes interessadas envolvidas. Infelizmente, o governo e as várias partes interessadas que procuram utilizar a tecnologia UAS em grande escala enfrentam o desafio de questões de segurança, políticas, jurídicas, éticas e de privacidade. Este estudo de investigação procura compreender os vários factores que afectam a utilização de UAS em grande escala, tendo em conta as restrições operacionais e as questões envolvidas. Compreender estes factores na perspetiva dos utilizadores e operadores pode ajudar a alterar e desenvolver políticas para as operações de UAS, o que está diretamente relacionado com a atual controvérsia sobre a regulamentação dos UAS.

Com o recente aumento da presença de UAS no espaço aéreo, é necessário tomar medidas para regulamentar corretamente e executar com segurança a transição para este novo domínio das aeronaves. Este processo exige a coordenação e a participação do meio académico, da indústria, de agências governamentais como a Administração Federal da Aviação, o Departamento da Defesa, as autoridades locais e o sector privado, a fim de implementar com êxito um sistema seguro, eficiente e robusto para as operações comerciais de UAS [3]. O objetivo final de uma parceria de alto nível entre estas agências seria integrar com êxito as operações de sUAS na NAS para melhorar a utilização de UAS para aplicações comerciais, tendo simultaneamente em conta as implicações éticas, jurídicas, sociais e ambientais destas tecnologias. O atual boom de UAS para aplicações civis deve ser conduzido com cautela, sem violar os direitos ou a segurança das pessoas ou do ambiente.

O principal objetivo deste estudo de investigação é criar um modelo de valor para os UAS, tendo em conta os cenários técnicos, ambientais e operacionais, para potencialmente criar uma simulação de análise de decisões que possa ser utilizada para analisar e avaliar diferentes UAS com base nos seus componentes, grau de autonomia e nível de preparação tecnológica. Esta simulação, por sua vez, pode ser utilizada no futuro para compreender o dilema entre as preferências das partes interessadas e a regulamentação, a fim de modelar as ineficiências que surgem devido a requisitos políticos na operação de UAS. A investigação utilizará uma combinação de diferentes ferramentas e enquadramentos, como a otimização multidisciplinar da conceção (MDO), a conceção orientada para o valor (VDD) e a análise da decisão (DA), para analisar e compreender os diferentes factores envolvidos no desenvolvimento e na operação de UAS em grande escala para aplicações SHM e civis.

A metodologia para esta investigação requer a identificação de diferentes classes e tipos de UAS que podem ser utilizados para fins comerciais e a ligação das características físicas destes UAS com características virtuais, tais como AL e TRL, para avaliar estes sistemas para efeitos de SHM, cumprindo simultaneamente os regulamentos FAA Parte 107. Estes métodos de avaliação do software e do hardware dos UAS podem, por sua vez, ser utilizados para avaliar o seu desempenho e orientar as actividades operacionais com base na tarefa a realizar nos vários cenários operacionais. Desta forma, o modelo de valor pode relacionar o UAS com o ambiente operacional em que executa as tarefas. Estas características podem ser representadas sob a forma de atributos e variáveis de conceção para criar um modelo de valor que possa capturar e incorporar os aspetos de conceção técnica do UAV, bem como os aspetos sociais e legais da utilização do UAS. A fim de avaliar o desempenho do UAS no seu cenário de utilização e de cumprir os condicionalismos legais e sociais, o grau de autonomia e o nível de preparação tecnológica dos componentes associados e relevantes desempenham um papel fundamental no modelo de valor.

As novas regras da FAA, Parte 107, para operações de sUAS serão utilizadas como plataforma principal para estabelecer vários cenários em que um único UAV ou um enxame de UAVs será utilizado para monitorizar autonomamente diferentes tipos de estruturas, a fim de proporcionar uma visão holística do estado da estrutura sob investigação. A utilização de UAS abrirá novas áreas de potencial inexplorado em SHM e fornecerá uma solução eficiente para as técnicas atualmente em uso. Para implementar este sistema de uma forma eficiente, utilizaremos a abordagem VDD da SE. Esta metodologia proporciona uma abordagem interdisciplinar para a implementação do sistema, ao mesmo tempo que permite comunicar os requisitos operacionais e de conceção com as preferências das partes interessadas, incluindo os pilotos de UAS, os operadores e a FAA. Isto ajudará a identificar as relações entre os subsistemas do sistema global, incorporando simultaneamente teorias económicas para melhor otimizar a conceção e o funcionamento do enxame de UAS com base no cenário da missão, tendo em conta as preferências das partes interessadas [4].

O próximo capítulo centra-se na descrição precisa das três questões de investigação desenvolvidas para este projeto de investigação e na abordagem para responder a cada uma dessas questões, bem como nas subtarefas associadas a cada um desses estudos.

CAPÍTULO 2
QUESTÕES DE INVESTIGAÇÃO

Este capítulo explica as questões e tarefas de investigação que foram formuladas para iniciar a procura de um modelo de valor que possa ser utilizado para melhorar e otimizar o funcionamento de um UAS com base no seu cenário operacional.

Questão de investigação 1

"Que papel desempenham os vários cenários ambientais e operacionais na operação de UAS no que respeita à tarefa a realizar?"

Esta questão de investigação é abordada com a tarefa de criar primeiro uma lista de "complexidade do cenário de missão" com diferentes tipos de infra-estruturas que são analisadas pelo UAS numa missão típica. Esta lista é formada pela avaliação das diferentes infra-estruturas com um sistema de métricas apoiado por uma lista de atributos que contribuem para a complexidade do cenário de missão. A cada um destes atributos é atribuído um peso com base no nível de impacto na infraestrutura testada. A segunda tarefa consiste em criar uma tabela de complexidade da tarefa que avalie os diferentes métodos de recolha de dados que podem ser utilizados pelo UAS para analisar as infra-estruturas. À semelhança da "complexidade do cenário de implantação", são utilizados atributos para criar um sistema de ponderação das diferentes tarefas da lista com base nos principais factores que influenciam o processo de recolha de dados à distância com um drone. Estes atributos são apoiados por métricas para atribuir pesos à lista de métodos de recolha de dados e ligá-los ao cenário de implantação, criando uma ligação entre estes parâmetros.

Questão de investigação 2

"Como é que as características físicas e a classe do UAS com o AL e o TRL estão relacionadas com o desempenho em diferentes cenários de missão?"

Esta questão de investigação é utilizada para estabelecer relações entre os elementos de hardware e software do UAS. Para o efeito, é utilizado um modelo de valor que decompõe os parâmetros primários do UAS, como a dimensão, a classe, o nível de preparação tecnológica e o nível de autonomia. O principal desafio desta questão de investigação consiste em associar os níveis de autonomia e de preparação tecnológica à dimensão e à classe do UAS, a fim de permitir uma avaliação do desempenho do UAS em função do cenário de utilização.

Os elementos de software, nomeadamente AL e TRL, estão ligados entre si pelo quadro ATRA, cujo principal objetivo é estabelecer uma ligação entre os componentes de software do UAS. O ATRA pode então ser utilizado para estabelecer uma ligação adicional com os elementos de hardware para os diferentes tipos de UAS, como aeronaves de asa fixa, híbridas ou multirotores. A classe de dimensão do UAS também é utilizada no modelo para investigar a viabilidade entre a dimensão e a classe do drone em termos de AL e TRL necessários para os diferentes cenários de missão e objectivos que o UAS se destina a cumprir.

A tarefa para esta questão de investigação é investigar uma sequência significativa de relações entre a classe, a dimensão, a AL e o TRL de um UAS no que respeita ao seu desempenho nos diferentes cenários de missão discutidos nas questões de investigação anteriores. Isto é feito através da formulação de uma função de valor capaz de avaliar os níveis de autonomia necessários para diferentes cenários de missão com base no ambiente e na tarefa a realizar.

Questão de investigação 3

"Pode este modelo baseado em valores ser utilizado para realizar análises de risco para operações autónomas de UAS com base em aspectos éticos, legais e sociais?"

Os modelos baseados no valor desenvolvidos nas duas questões de investigação anteriores podem ser alargados para explorar um modelo de compromisso entre os atributos do sistema, a fim de compreender os riscos que podem ocorrer quando se operam UAS em diferentes cenários operacionais. Para compreender as soluções de compromisso, podem ser utilizados métodos heurísticos para incorporar as regras e regulamentos existentes da FAA para efetuar a análise entre o modelo de avaliação dos UAS e os modelos de cenários operacionais e extrair um valor de risco estimado num determinado cenário. Uma vez alcançado este objetivo, podem ser utilizados controlos e equilíbrios para controlar, evitar e eliminar os riscos, tendo simultaneamente em conta as questões éticas, jurídicas e sociais.Uma das principais tarefas desta questão de investigação é considerar os regulamentos existentes da FAA, Parte 107, sob a forma de restrições às variáveis de conceção do próprio UAS. Isto não só ajudará a moldar a conceção do UAS dentro das restrições regulamentares, mas também a formular uma função de otimização para o UAS baseada na minimização da massa. Para alargar isto a um modelo de valor, as partes interessadas e as suas verdadeiras preferências podem ser enumeradas através do estudo de várias fontes que reflectem os pontos de vista das diferentes partes interessadas; podem também ser atribuídos valores aos principais regulamentos da FAA e podem ser impostas sanções às operações que violem esses regulamentos. Desta forma, as questões éticas, jurídicas e sociais podem ser utilizadas para determinar os riscos das operações autónomas de UAS e quantificar as sanções associadas.

Organização da dissertação

Os capítulos 1 e 2 fornecerão uma visão geral do estado atual das operações de UAS no ambiente comercial e uma perspetiva da motivação subjacente à investigação, bem como um conjunto de questões de investigação claramente definidas que podem servir de ponto de partida para abordar alguns dos potenciais problemas com as operações comerciais de sUAS para fins de SHM. O Capítulo 3 apresenta um historial pormenorizado dos sistemas aéreos não tripulados, da monitorização do estado de saúde estrutural, da engenharia de sistemas, da otimização do projeto multidisciplinar e do projeto baseado no valor, que é necessário para a progressão desta tese e para a compreensão das principais questões abordadas nesta investigação. O capítulo 4 centra-se na explicação e descrição da estrutura de um modelo de aeronave de asa fixa e de um modelo de UAS multicóptero, que são utilizados como exemplos para estabelecer a ligação com os cenários operacionais da SHM. O capítulo 5 explica as relações entre as diferentes tarefas do UAS e o cenário ambiental de operação. Este capítulo também quantifica as relações entre as características físicas de um UAS, como a sua classe e dimensão, e o seu AL e TRL, para que possa cumprir as tarefas que lhe são atribuídas nos diferentes cenários operacionais. O capítulo 6 trata dos diferentes tipos de técnicas tradicionais de gestão da segurança e da quantificação da sua eficácia em comparação com o método proposto de gestão da segurança de UAS, apoiado por estudos pormenorizados e discussões sobre as vantagens e desvantagens das diferentes técnicas. Por último, mas não menos importante, o Capítulo 7 resume as conclusões finais desta investigação e estabelece as bases para o trabalho futuro que poderá ser realizado com base nesta investigação e nas potenciais novas áreas a que poderá ser alargada.

CAPÍTULO 3

ANTECEDENTES

A operação de UAS no ambiente civil é um tema extremamente difícil, uma vez que a sua posição nas vastas e complexas actividades que têm lugar no espaço aéreo civil é muito pouco clara. Os modelos de valor são amplamente utilizados nesta tese para realçar as vantagens de associar os vários atributos dos componentes físicos de um UAS aos seus níveis de autonomia e condições de funcionamento, a fim de criar sinergias entre as operações, o equipamento e o pessoal envolvidos, ultrapassando a necessidade de utilizar métodos tradicionais baseados em requisitos para estabelecer restrições às operações de UAS. Esta abordagem sistémica baseada no valor das operações de UAS no espaço aéreo civil contribuirá para proporcionar uma visão global da questão e para coordenar melhor os debates no âmbito da área temática relevante.

Um modelo de UAS de asa fixa e um modelo de UAS multicóptero são utilizados para investigar as ligações entre os componentes de hardware e software do UAS e a infraestrutura na qual o UAS efectua a SHM, bem como as tarefas que o UAS executa. Este modelo pode ser utilizado para obter correlações operacionais e de sistema para investigar melhor o impacto que as operações de UAS podem ter no ambiente através da realização de vários estudos com recurso a simulações. O conteúdo deste capítulo apresenta um contexto pormenorizado dos principais tópicos desta tese, tais como a história e o desenvolvimento dos domínios dos UAS e da SHM. Apresenta também uma panorâmica pormenorizada dos quadros de apoio necessários para compreender a formulação desta metodologia de investigação, como a engenharia de sistemas tradicional, a otimização da conceção multidisciplinar e a conceção baseada no valor.

Sistemas aéreos não tripulados

Os sistemas aéreos não tripulados (UAS), também conhecidos como veículos aéreos não tripulados (UAV) ou drones, são basicamente aeronaves que não têm um piloto humano a bordo. Estas aeronaves são geralmente controladas remotamente por um operador humano e podem ter vários graus de autonomia de controlo entre o operador humano e os computadores de bordo e os sistemas de controlo, dependendo das suas capacidades [5]. Os UAS oferecem uma maior mobilidade para expandir o potencial de exploração, proporcionando efetivamente ao utilizador um controlo tridimensional dos movimentos. Embora as origens das aplicações dos UAS remontem a fins militares, atualmente têm potencial para desempenhar um papel vital em muitos sectores diferentes, como a vigilância da segurança, a busca e salvamento, a fotografia, os meios de comunicação social, a agricultura, a entrega de encomendas e as aplicações recreativas [6].

Recentemente, os UAS têm vindo a ocupar os céus em grande número e é previsível que venham a ter um grande impacto na economia dos EUA e na economia mundial em geral. Existem muitas fontes credíveis que demonstram que a adoção de UAS em aplicações civis irá desencadear milhares de milhões de dólares em desenvolvimento e atividade económica, o que, por sua vez, ajudará a criar milhares de novos empregos bem remunerados em todo o mundo [7]. De acordo com um relatório de 2013 da

Association for Unmanned Vehicle Systems (AUVSI), a expansão dos UAS na indústria civil poderá criar até 103 776 postos de trabalho até 2025 e as receitas fiscais do Estado poderão atingir 462 milhões de dólares nos primeiros 11 anos após a sua integração na NAS. Por cada ano de atraso na integração dos UAS no espaço aéreo civil, os EUA perdem mais de 10 mil milhões de dólares de impacto económico positivo, o que equivale a uma perda de aproximadamente 27,6 milhões de dólares por dia [8].

A primeira utilização comercial em grande escala de UAS começou no Japão na década de 1990 para aplicações agrícolas. O primeiro UAS a ser utilizado para este fim foi o Yamaha R-Max, que entrou em serviço em 1987 como um helicóptero não tripulado para fins industriais. Este esforço foi efectuado em resposta a um pedido do Ministério da Agricultura, Florestas e Pescas do Japão para o desenvolvimento de um UAV para a limpeza de culturas [9]. O Yamaha R-Max é um UAV de primeira geração e alto desempenho, equipado com um motor a gasolina de 2 cilindros arrefecido a água, capaz de transportar uma carga útil de aproximadamente 35 libras durante 60 minutos sem reabastecimento. Os sistemas electrónicos incluem uma unidade flash integrada de 500 MB para armazenamento de dados, uma IMU, um magnetómetro de 3 eixos, um altímetro SONAR e um altímetro RADAR para controlo e estabilização da altitude [10]. O Yamaha R-Max é capaz de pulverizar até 2 hectares de terra em 6 minutos e já pulverizou quase 310.000 hectares de terras agrícolas japonesas desde 1995.

Figura 1: UAS hexacóptero e quadricóptero em voo

Atualmente, a tendência no desenvolvimento de UAS mudou de helicópteros para hexacópteros e quadricópteros com múltiplos rotores, como mostra a Fig. 1. Estas novas concepções de UAS oferecem maior estabilidade dinâmica e força de elevação com pás de rotor relativamente mais pequenas. Atualmente, o maior fabricante de drones é a DJI, com uma avaliação líquida de 10 mil milhões de dólares, seguida da Parrot e da 3D Robotics, sediada em Berkeley, que obteve vendas líquidas de 50 milhões de dólares em 2015 [11].

Monitorização do estado das estruturas

A inspeção manual de infra-estruturas civis é uma tarefa dispendiosa e relativamente perigosa. Muitas vezes, é utilizada uma grua ou uma grua para inspecionar manualmente as áreas de "difícil acesso" onde podem ter ocorrido danos [12]. A monitorização do estado de saúde estrutural (SHM) é uma ferramenta importante para melhorar a segurança e a manutenção de importantes infra-estruturas de construção e transporte. Dada a deterioração das infra-estruturas civis causada pelo tempo e por outros factores, a importância da GES não pode ser subestimada. O principal objetivo da SHM é fornecer o diagnóstico ou o estado de uma infraestrutura, em qualquer momento da sua vida útil, de todas as diferentes partes e da totalidade de todas as partes que compõem a estrutura. A SHM é mais do que uma forma melhorada de avaliação não destrutiva de uma estrutura, é um processo complexo e multidisciplinar que inclui a monitorização visual, a integração de sensores, materiais inteligentes, a transmissão de dados, a computação e até a modelação preditiva de toda a estrutura [13].

Atualmente, a SHM é executada manualmente por engenheiros, técnicos e inspectores que passam muito tempo a mapear e a inspecionar a estrutura em busca de defeitos, utilizando dispositivos montados em tripés ou em veículos que têm um alcance limitado. Os avanços no SHM de pontes têm sido feitos com recurso a sensores estacionários estrategicamente colocados sob ou na superfície da estrutura, que podem monitorizar as tensões e as cargas vibratórias. Infelizmente, as infra-estruturas antigas ou localizadas em zonas remotas não podem ser monitorizadas utilizando estas técnicas de sensores incorporados [14]. As técnicas de inspeção actuais incluem inspecções visuais, emissões acústicas, ensaios ultra-sónicos, etc. Estas técnicas requerem que se saiba onde se localizam os danos para se poder efetuar um exame detalhado do estado geral da estrutura.

Tecnologia do sistema

A engenharia de sistemas é uma área da ciência da engenharia que se ocupa da determinação das relações entre os elementos ou subsistemas de um sistema global. É uma abordagem interdisciplinar e um meio de permitir a realização de sistemas bem sucedidos. Centrando-se nas relações entre os elementos ou subsistemas, a teoria da decisão, a estatística e a otimização são utilizadas como quadros subjacentes à conceção de um sistema bem sucedido [15]. Utilizando o quadro básico, a engenharia de sistemas centra-se nas preferências das partes interessadas e aborda questões que podem surgir durante o ciclo de desenvolvimento. O processo envolve a documentação dos requisitos, a síntese das concepções e a validação do sistema, tendo em conta o problema global e as necessidades das partes interessadas. Estes processos têm sido utilizados e praticados há mais de meio século e permitem aos programadores seguir os requisitos definidos pelas partes interessadas [16]. No entanto, continuam a ocorrer erros, mesmo que, por vezes, sejam inevitáveis a longo prazo.

A tarefa da engenharia de sistemas consiste em aprender com estes erros e encontrar formas de melhorar a conceção de um sistema. O desenvolvimento, a compreensão e o controlo da interface do sistema, o desenvolvimento de planos de teste e verificação e a atribuição correcta dos requisitos são fundamentais para uma boa engenharia de sistemas [17]. Numa fase de conceção detalhada, o papel da engenharia de sistemas é liderar, coordenar e facilitar as actividades de desenvolvimento dos componentes. Utilizando as melhores práticas e aprendendo com os nossos erros, podemos desenvolver métodos para resolver problemas que possam surgir durante o ciclo de vida de um sistema. A engenharia de sistemas traz o sentido da arte e da emoção de volta à engenharia, à medida que estudamos as interacções humanas com os aspectos físicos da engenharia [15]. Capturar as interacções das decisões humanas no desenvolvimento de sistemas técnicos pode tornar-se cada vez mais complicado à medida que a dimensão da equipa de desenvolvimento aumenta. A engenharia de sistemas considera a organização humana lógica e gere a complexidade incorporada no processo de conceção [15].

Atualmente, a engenharia de sistemas está fortemente orientada para os requisitos. A abordagem atual para aplicar o método de engenharia de sistemas envolve a comunicação dos requisitos na hierarquia organizacional da empresa [18]. Os requisitos do sistema são definidos pelas partes interessadas ao mais alto nível de tomada de decisões numa organização. Os requisitos são estabelecidos com base em perturbações físicas, restrições ambientais, legado, conhecimento, etc. A falta de uma formulação correcta dos requisitos é a principal razão para o fracasso do sistema [19]. Os requisitos definidos pelas partes interessadas baseiam-se nas necessidades do cliente, mas não revelam as verdadeiras preferências das partes interessadas. Os requisitos primários são então transmitidos através dos níveis da hierarquia organizacional às equipas do respetivo subsistema. Em cada nível da hierarquia, as equipas do subsistema formam o seu próprio conjunto de requisitos e transmitem-no às equipas mais pequenas do subsistema. O projeto é considerado completo quando todos os requisitos ao nível de um componente tiverem sido cumpridos. Estes métodos de desenvolvimento de sistemas baseados em requisitos não captam as verdadeiras preferências das partes interessadas e são propensos a ultrapassagens de prazos e custos [4]. Outro método tradicional de engenharia de sistemas é a utilização do processo V padrão e do processo em cascata, como mostra a Fig. 2. O processo em V implica que o V flua da esquerda para baixo, atribuindo requisitos a cada componente até ao nível mais baixo, e depois subindo pelo V direito para implementar esses requisitos em cada nível de componente. O problema deste método é a falta de uma função objetiva, o que limita a sua aplicação prática num processo de conceção detalhado [20].

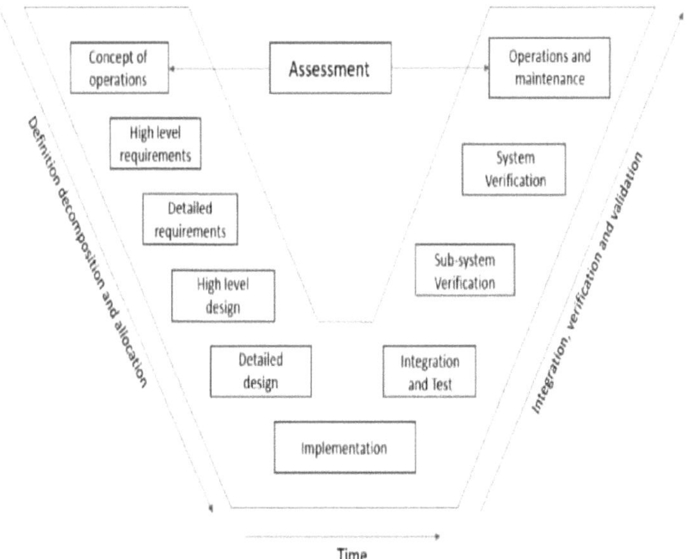

Figura 2: Modelo em V da engenharia de sistemas

O método em cascata é um modelo de desenvolvimento sequencial em que os requisitos de uma fase são definidos antes de se passar à fase seguinte. Trata-se de um processo linear e fácil de implementar. Cada passo é congelado antes de se iniciar o passo seguinte. Isto permite que os requisitos sejam claros antes do início do desenvolvimento. O problema com este método é que os problemas numa fase da conceção podem ser transferidos para a fase seguinte. Uma vez que os requisitos não podem ser alterados após o início do processo, isto pode conduzir a um sistema mal estruturado [21]. Os métodos tradicionais de desenvolvimento e otimização de sistemas têm as suas limitações quando se trata de identificar a melhor conceção do sistema e são incapazes de captar as preferências das partes interessadas e dos clientes.

Otimização multidisciplinar da conceção

O termo Multidisciplinary Design Optimisation (MDO) foi criado em 1947 por Arthur Roderick Collar *"como uma investigação das interacções mútuas que ocorrem no triângulo das forças originais, elásticas e aerodinâmicas que actuam nos elementos estruturais"* [22]. Na década de 1980, o MDO desenvolveu-se a partir da otimização estrutural [4]. O enorme salto no processamento de dados desde os anos 80 permitiu o envolvimento de empresas aeroespaciais, agências governamentais e investigadores académicos na otimização. medida que os sistemas de engenharia se tornam mais complexos, devem ser utilizados novos métodos para ajudar os projectistas a encontrar uma conceção óptima do sistema. O MDO centra-se na otimização numérica da conceção de sistemas que abrangem várias disciplinas ou subsistemas [18]. A principal função do MDO é otimizar um sistema constituído por vários subsistemas que interagem entre si. Para obter o sistema ótimo, cada subsistema deve ser captado para se compreender como afecta o desempenho global da conceção. Um exemplo bem conhecido da aplicação do MDO é a interação entre a aerodinâmica e a estrutura. Havia uma forte interação entre estes dois subsistemas; por conseguinte, foi desenvolvida a aeroelasticidade para analisar estas interacções [22]. medida que os sistemas se tornam maiores e mais complexos, é importante incluir a MDO no processo de conceção para captar as interacções entre os muitos subsistemas. Ao abordar o problema da MDO numa fase precoce do processo de conceção e ao tirar partido de ferramentas avançadas de análise computacional, os projectistas podem melhorar a conceção, reduzindo simultaneamente o tempo e o custo do ciclo de conceção [15]. No entanto, como a conceção é cada vez mais orientada para as partes interessadas, os projectistas têm de ter em conta as preferências durante o ciclo de conceção.

Conceção orientada para o valor

A conceção orientada para o valor (Value Driven Design - VDD) é um movimento que utiliza a teoria económica para reformular a engenharia de sistemas e utilizar melhor a otimização para melhorar a conceção de grandes sistemas, em especial nos sectores aeroespacial e da defesa [23]. A conceção orientada para o valor capta as preferências das partes interessadas, introduzindo novos elementos no processo de conceção. O processo de conceção orientada para o valor utilizado no desenvolvimento de sistemas técnicos grandes e complexos é ilustrado na Figura 3. Em vez de passar os requisitos para os subsistemas, é dada prioridade às preferências das partes interessadas. Isto alarga a base da conceção, uma vez que os requisitos que são normalmente transmitidos nos métodos tradicionais de SE podem restringir a conceção global. Uma vez que a conceção não se limita aos requisitos, todas as áreas da conceção podem ser analisadas para encontrar a conceção óptima para as partes interessadas.

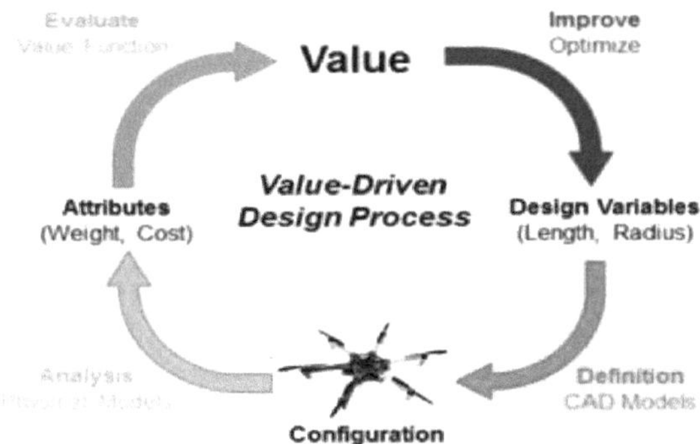

Figura 3: Processo de conceção orientado para o valor

O VDD tem por objetivo definir um processo que forneça um valor para um projeto detalhado quando os componentes são concebidos em relativo isolamento [24]. Isto é feito através da criação de uma função de valor que é semelhante a uma função objetivo, mas com muito menos restrições na conceção. Este valor atribuído à conceção não tem qualquer significado para ninguém, exceto para as partes interessadas, uma vez que monitoriza e exprime as preferências das partes interessadas. Normalmente, este valor é monetário, dependendo do facto de a parte interessada querer maximizar o lucro ou minimizar os custos. O designer pode criar uma função de valor que não seja monetária; cabe às partes interessadas e ao designer compreender o seu sistema e encontrar formas de iniciar o processo de design. A conceção orientada para o valor (Value-Driven Design - VDD) é uma abordagem à engenharia de sistemas que foi originalmente concebida para ser utilizada na fase de conceção pormenorizada do desenvolvimento do sistema. A VDD centra-se na atribuição de uma função objetiva a cada componente para orientar o trabalho de conceção [25]. O Value Driven Design é uma estrutura que pode ser aplicada ao MDO e tem como objetivo reduzir o número de requisitos para os atributos dos componentes do sistema. Procura também reduzir o número de restrições aplicadas às técnicas de otimização e captar as verdadeiras preferências das partes interessadas. Além disso, o VDD permite a otimização da conceção de todo o sistema e dos componentes individuais. Isto é feito através da utilização de uma função de valor para procurar a melhor conceção, em que um número mais elevado da função de valor indica uma melhor conceção. Também ajuda a evitar conflitos de conceção e, assim, evitar combinações deficitárias. Quando as equipas de uma organização trabalham de forma cruzada para satisfazer todos os requisitos dos seus subsistemas, isso pode levar a um aumento líquido dos custos e também reduzir o desempenho e a fiabilidade do sistema. O VDD ajuda a evitar esta "perda morta", criando uma função de valor que inclui todos os atributos e factores comerciais que são consistentes entre componentes a todos os níveis. Por último, evita o aumento dos custos e a degradação do desempenho, eliminando os requisitos ao nível dos componentes e melhorando os atributos do sistema, eliminando assim a fonte do aumento dos custos e dos atrasos associados [26].

CAPÍTULO 4

MODELO DE UM SISTEMA DE AERONAVES NÃO TRIPULADAS

O modelo de UAS que se segue constitui a base para demonstrar a aplicação da abordagem SE tradicional juntamente com a formulação de uma função de otimização multiobjectivo. No âmbito desta investigação, foi desenvolvido um modelo básico em duas fases de uma aeronave de asa fixa e de um multicóptero para servir de banco de ensaio para a execução de diferentes cenários operacionais necessários para a realização de várias tarefas críticas para a gestão da segurança do ambiente. O modelo hierárquico apresentado na Fig. 4 descreve uma decomposição a dois níveis dos subsistemas de um UAV de asa fixa. Este modelo é utilizado para investigar melhor os atributos e as variáveis de conceção e os seus efeitos na operação. Para um UAV de asa fixa, cada um destes subsistemas é ainda decomposto em subsistemas de nível inferior e definido por 24 variáveis de conceção apresentadas no quadro. 1 O modelo criado ajudará a alargar os nossos conhecimentos sobre a compreensão de um sistema de UAV e será útil para associar atributos-chave a parâmetros de desempenho nos vários cenários operacionais testados.

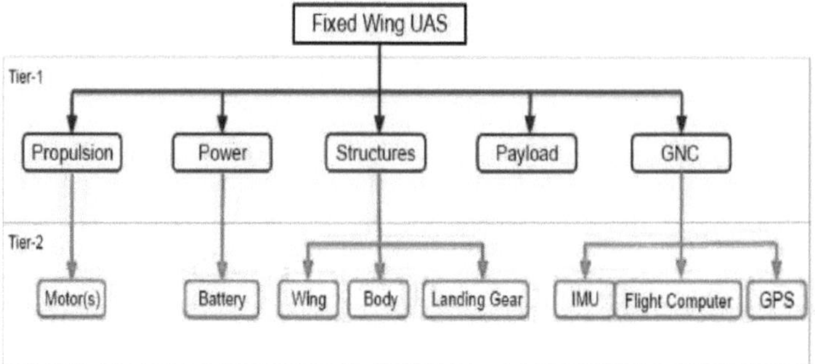

Figura 4: Decomposição hierárquica de um sistema UAV de asa fixa

Do mesmo modo, a decomposição hierárquica de um UAV multicóptero com os seus subsistemas em dois níveis é apresentada na Fig. 5. Verifica-se que o modelo simplificado de um UAV multicóptero tem cinco subsistemas primários no primeiro nível: Propulsão, Potência, GNC, Estruturas e Carga útil. Os componentes do subsistema hierarquicamente organizados de um UAS podem ser utilizados para explorar um segundo nível de componentes que formam a estrutura do UAV multicóptero. Estes níveis podem então ser utilizados para compreender a ligação entre as disciplinas individuais do UAV. O segundo nível de subsistemas é constituído por motores, bateria, IMU, GPS, computador de voo, câmara FPV 3D, SONAR, braços, corpo e trem de aterragem [27]. Como se trata de um modelo relativamente extenso, as disciplinas primárias e os seus subsistemas, nomeadamente GNC, estruturas, alimentação eléctrica, propulsão e carga útil, interagem entre si. Para captar o acoplamento destas interacções, é utilizado um DSM, como se mostra na Fig. 6.

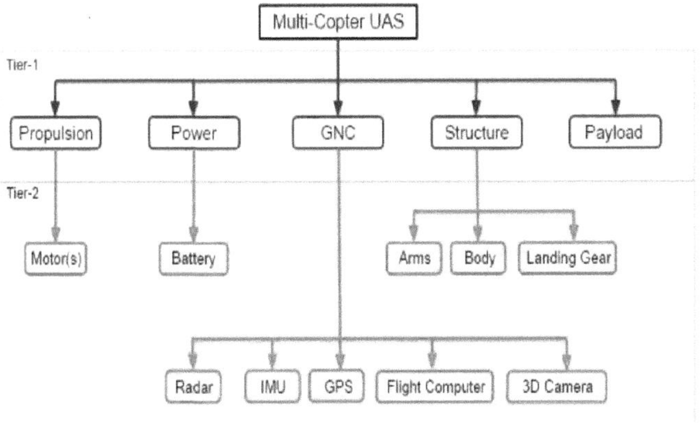

Figura 5: Decomposição hierárquica de um sistema UAV multicóptero

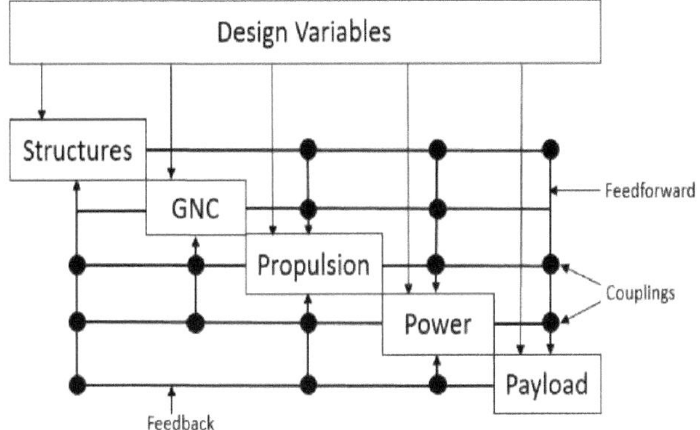

Figura 6: Matriz da estrutura de conceção de um UAS multirotor

O DSM acima apresentado permite visualizar as ligações entre os subsistemas como acoplamentos, feedforwards e feedback [28]. Isto facilita ao utilizador a modelação e análise do sistema e mostra como as dependências entre os subsistemas podem ser utilizadas para melhorar o sistema como um todo. Utilizando este DSM e os modelos de partição hierárquica, podemos enumerar os atributos de desempenho que são influenciados pelos subsistemas de primeiro nível, como mostra a Fig. 7. Como se pode ver na figura, a propulsão afecta a altitude, a resistência e o peso da carga útil que pode ser transportada pelo UAS; a alimentação da bateria afecta a resistência e o alcance; o GNC afecta o alcance, a estabilidade e o grau de autonomia; a estrutura afecta o volume da carga útil, o peso da carga útil, a proximidade e a manobrabilidade. A carga útil ligada ao UAS pode ser removida em função do perfil da missão e da tarefa, o que afecta a capacidade e as tarefas que podem ser executadas pelo UAS. Os atributos da carga útil podem ser alterados em função do tipo de sensores instalados no UAS.

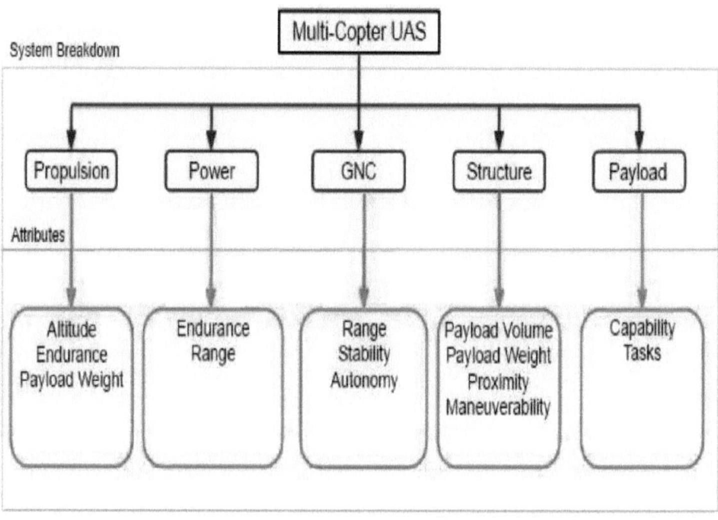

Figura 7: Repartição dos UAS multicópteros e ligação aos atributos de desempenho

O UAV de asa fixa estudado neste caso tem como principal tarefa o levantamento de infra-estruturas e a realização de SHM, em conformidade com os regulamentos da FAA Parte 107. A decomposição do modelo hierárquico de um UAV de asa fixa para atribuir atributos e variáveis de design a cada subsistema centra-se no estabelecimento de directrizes e na assistência ao projetista do drone no cumprimento dos limites regulamentares estabelecidos pelo governo, ao mesmo tempo que atende às necessidades e preferências dos operadores de drones de várias indústrias, como mencionado anteriormente. O primeiro nível de subsistemas é constituído por propulsão, alimentação eléctrica, estruturas, GNC e carga útil. Este primeiro nível subdivide-se ainda num segundo nível de componentes como o motor, as asas, a fuselagem, o trem de aterragem, a IMU, o computador de voo e o GPS. Os níveis individuais dos subsistemas do sistema UAV de asa fixa e as variáveis de conceção associadas que podem ser utilizadas para análise num modelo de valor são descritos no quadro 1.

Quadro 1: Lista de atributos e variáveis de conceção de uma aeronave de asa fixa FH

Tiers			Attributes	Design variables
SYSTEM (Unmanned Aerial System)			AL, TRL, RV, Cost	Single UAV / UAV swarm
Subsystem level 1	(SS1) Wing		C_{wing}, M_{wing}, RV_1	Type of wing
	(SS2) Fuselage		$C_{fuselage}$, $M_{fuselage}$, RV_2	Type of fuselage, $L_{fuselage}$
	(SS3) Electronics		C_{elec}, M_{elec}, RV_3	Type of electronics
	(SS4) Motors		$C_{payload}$, $M_{payload}$, RV_4 Altitude, Range	Type of motor, n_{motor}
Subsystem level 2	Wings	(SS1) Spar	C_{spar}, M_{spar}	$Material_{spar}$, L_{wing}, L_{chrod}
		(SS2) Skin	C_{skin}, M_{skin}	$Material_{skin}$, L_{wing}, L_{chord}
	Fuselage	(SS1) Frame	C_{frame}, M_{frame}	$Material_{frame}$, L_{frame}, $M_{payload}$, n_{frame}
		(SS2) Skin	C_{skin}, M_{skin}	$Material_{skin}$, $M_{payload}$
	Electronics	(SS1) Battery	$C_{battery}$, $M_{battery}$ Range	Type of Battery
		(SS2) Camera	C_{camera}, M_{camera}	Type of Camera
		(SS3) GNC	$C_{sensors}$, $C_{microprocessor}$, $C_{software}$, HI, EC, MC, RV	Antenna Type, Sensor Type Microprocessor & Software Type

Para dar início ao processo de otimização, precisávamos de desenvolver uma função objetiva que captasse os objectivos das partes interessadas e respeitasse as restrições legais estabelecidas pela FAA. A equação. 1 é a formulação para a abordagem de minimização da massa. Estas restrições devem fazer sentido com base na sua interação com outros objectos, leis físicas e critérios de sucesso da missão. Assume-se que a massa é a soma de todos os subsistemas que têm uma massa que pode afetar o sistema.

$$\min f(x) = Mass_{total} = \sum_{i=1}^{N} Mass_{Ai}$$

$$g_1: Mass_{total} - 25\,kg \leq 0$$
$$g_2: V_{max} - 44.7\,m/s \leq 0$$
$$g_3: Range - 5000\,m \leq 0$$
$$g_4: Altitude - 122\,m \leq 0$$
$$1m \leq wing \leq 2m$$
$$0.2m \leq L_{chord} \leq 0.6m$$
$$0.5m \leq L_{fuselage} \leq 2m$$
$$1\,kg \leq Mass_{payload} \leq 5\,kg$$
$$X = [X_{discrete}\ L_{wing}\ L_{chord}\ L_{fuselage}\ Mass_{payload}]$$

Equação 1: Formulação da abordagem de minimização da massa

As restrições introduzidas neste exemplo são: Comprimento da asa, corda, fuselagem e massa da carga útil. Estes constrangimentos foram desenvolvidos para se enquadrarem nos limites físicos, tais como evitar que a massa do UAS desça abaixo de zero ou se torne demasiado pesada para descolar. As restrições de desigualdade, por outro lado, baseiam-se diretamente nas regras da FAA Parte 107 para operações de UAS, tais como a manutenção de uma massa total de UAV inferior a 55 lbs, uma velocidade máxima inferior a 100 mph, uma altitude máxima de 400 pés acima do solo, e que as missões de voo devem ser realizadas dentro da linha de visão [29]. Estas restrições utilizadas na formulação tradicional do MDO representam os desejos das partes interessadas, que neste caso é o governo, e destacam as regiões no espaço de conceção que não são consideradas viáveis no desenvolvimento do UAS de asa fixa.

Podemos assumir que as partes interessadas neste caso são o governo (FAA), o criador do UAV e o operador do UAV. Com base nas preferências, cada parte interessada terá um valor diferente, pelo que o valor dado só será significativo para essa parte interessada em particular. As verdadeiras preferências das partes interessadas

As preferências das partes interessadas na utilização de UAS podem ser determinadas através da análise dos pontos de vista das partes interessadas provenientes de várias fontes, que se encontram resumidas no quadro. 2 Este quadro é uma representação das preferências efectivas dos operadores de UAS de vários sectores. Os dados apresentados no quadro provêm dos debates entre as várias partes interessadas convocados pela NTIA em resultado de um Memorando Presidencial emitido pelo Presidente Obama para *"Promover a competitividade económica preservando a privacidade, os direitos civis e as liberdades civis na utilização doméstica de sistemas de aeronaves não tripuladas"*. [30]. Esta reunião incluiu membros e organizações do meio académico, da indústria, dos sectores governamentais e da sociedade civil, proporcionando uma visão holística dos seus pontos de vista combinados sobre o desenvolvimento da regulamentação relativa aos sistemas aéreos não tripulados.

Quadro 2: Preferências dos operadores de UAS de diferentes sectores

	Farmers & Ag associations	Energy & Construction	University Researchers	Media Houses & Journalists
Operation	Precision Agriculture	Inspection & Maintenance	Research & Education	Photojournalism
Task	Photos - RGB, IR, NDVI Spraying	Power line inspect Gas leaks detection Thermography	Tool for R&D in multiple fields	Photo and video footage for news
Environment	Rural Farmland	Urban & Rural areas	Confined zones	Busy urban areas
Issues	Ownership of scan data. Intrusion over private land.	Current rules are too constraining Privacy laws need to be loosened	Treat institutes different from commercial entities	No reqs to disclose details. Time for training & registration
Requirements	Training programs needed UAS must have ID for tracking.	Special operations exemptions for inspection & maintenance	Use IRB regulations for schools not FAA	No additional privacy regulations for drone use

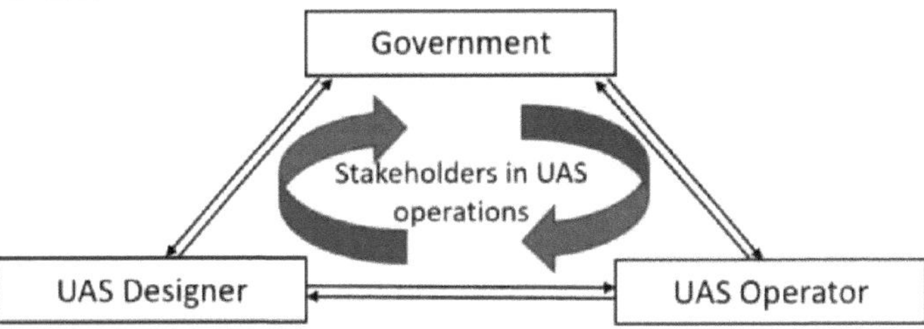

Figura 8: Principais actores na operação de UAS

Na Tabela. 2, utilizámos os exemplos de associações agrícolas que representam os agricultores, empresas de energia e construção, investigadores universitários que representam o sector académico e empresas de comunicação social que representam o ponto de vista dos jornalistas. Estes potenciais operadores de UAS têm actividades e tarefas diferentes em função do cenário operacional, quer se trate de fazer a varredura de um campo, de pulverizar pesticidas ou fertilizantes em terrenos agrícolas, de inspecionar reservatórios para detetar fugas de gás ou de captar imagens de um evento para acompanhar na televisão e, potencialmente, evitar que viole as regras e regulamentos estabelecidos pela FAA. Este dilema entre os principais intervenientes neste caso, nomeadamente o governo, o operador e o projetista, é ilustrado na Figura 8. O modelo para compreender o AL e o TRL necessários para um UAS com base em tarefas e ambientes operacionais é discutido no capítulo seguinte, utilizando o SHM como exemplo.

CAPÍTULO 5
MODELO E ANÁLISE DE VALOR

O principal objetivo deste capítulo é apresentar uma panorâmica pormenorizada das relações estabelecidas entre as diferentes tarefas que o UAS realizará no que respeita ao cenário ambiental das operações, bem como as características físicas de um UAS, tais como a sua classe e dimensão, e o seu AL e TRL. Este capítulo também explica as abordagens utilizadas para quantificar as relações entre as características do UAS e os cenários operacionais, a fim de mostrar como todas as peças do puzzle se encaixam e explicar os seus efeitos umas nas outras. Este capítulo pode servir de ponto de partida para a criação de modelos de risco e de negociação.

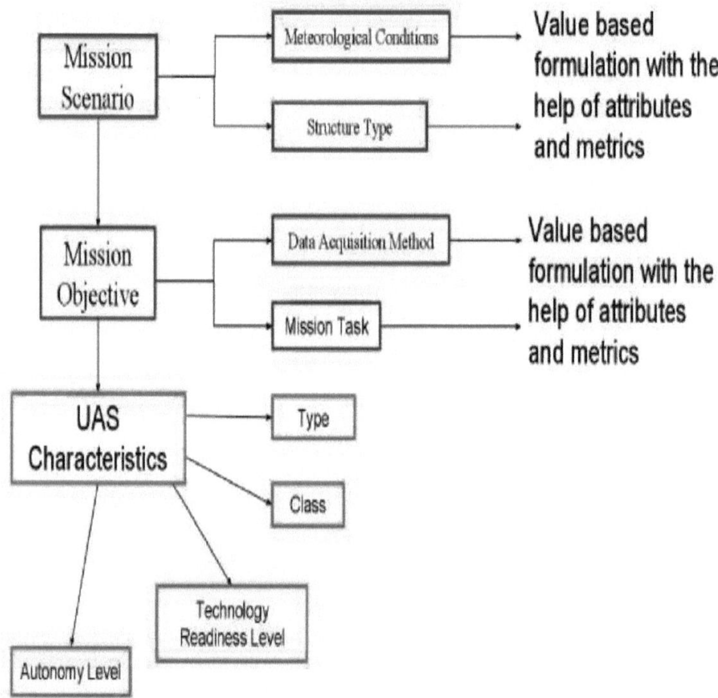

Figura 9: Parâmetros para o cenário de implantação e avaliação do UAS

Os parâmetros mais importantes para a implantação de um UAS são: O cenário da missão, o objetivo da missão e as características do UAS, como mostra a Fig. 9. O cenário da missão é definido pelas condições meteorológicas e pelo tipo de estrutura; o objetivo da missão é definido pelo método de aquisição de dados utilizado e pelas tarefas da missão; e as características do UAS são divididas pela sua dimensão, classe, AL e

TRL. Para o tipo de estrutura e o método de aquisição de dados, há uma série de atributos e métricas que ajudam a determinar a complexidade. Esta metodologia pode ser utilizada como um modelo universal para analisar cenários de implantação de UAS noutras aplicações, como a agricultura de precisão ou o fotojornalismo, mas neste projeto de investigação utilizaremos o exemplo do SHM para compreender o impacto do cenário de implantação no UAS. Este exemplo será utilizado para mostrar a complexidade do processo de SHM com base em UAS e como se pode obter um desempenho ótimo.

A figura 10 mostra um modelo elaborado para a realização de análises de decisão para a operação de UAS. Podemos ver que este modelo está dividido em duas partes principais: cenário operacional e avaliação do UAS. O cenário operacional é ainda dividido em complexidade ambiental e complexidade da tarefa, enquanto a avaliação do UAS é dividida em AL e TRL. O cenário operacional e a avaliação dos UAS podem ser utilizados no futuro para a modelação e análise dos riscos das operações baseadas na autonomia dos UAS. Também pode ser utilizado para criar um modelo económico para comparar a SHM baseada em UAS com outras formas de SHM tradicional com base numa comparação de qualidade e custo. Nos dois subtópicos seguintes deste capítulo, a criação dos modelos de valor para o cenário de implantação e a avaliação do UAS são explicados separadamente, juntamente com os tipos de métricas e classificações que foram utilizados para avaliar os parâmetros em questão.

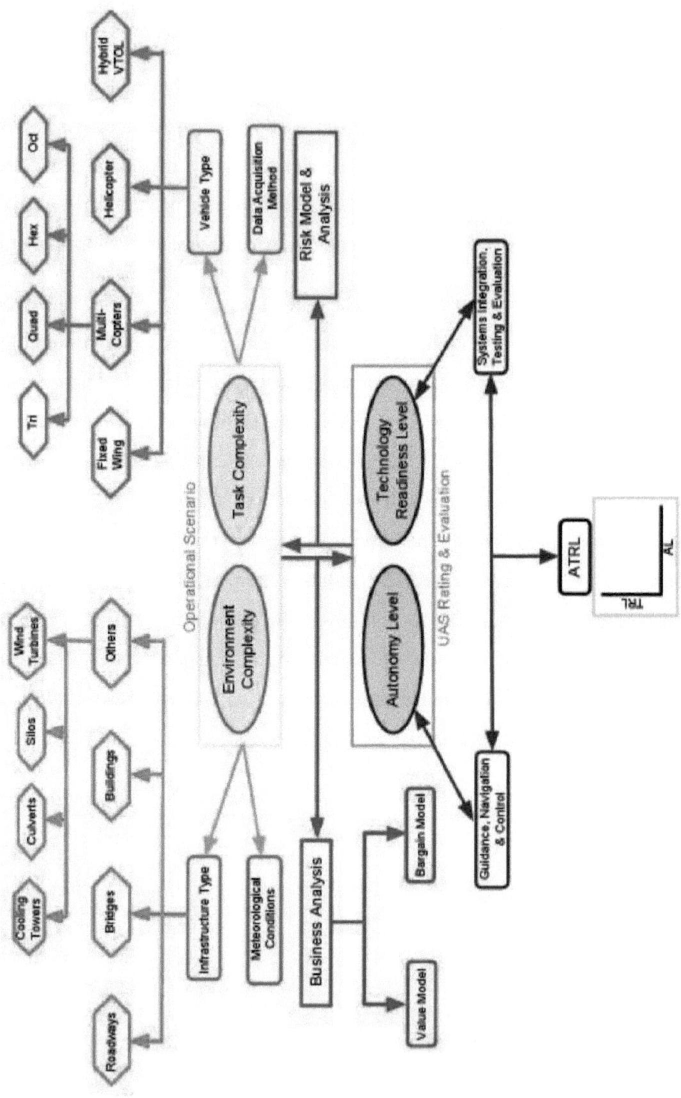

Figura 10: Modelo para a análise da decisão de operações de UAS

Modelo de valor para cenário operacional

Este tópico centrar-se-á na explicação do aspeto do cenário operacional do modelo de análise de decisão explicado anteriormente. Os dois principais parâmetros utilizados para avaliar o cenário operacional no nosso modelo são: Complexidade Ambiental e Complexidade da Tarefa. A complexidade ambiental é ainda subdividida com base nas condições meteorológicas e no tipo de infraestrutura em cujo ambiente o UAS irá operar. A complexidade da tarefa subdivide-se no tipo de aquisição de dados e no tipo de veículo. Este modelo com as subdivisões de cada categoria de cenário de missão é apresentado na Fig. 11. A análise combinada de cada um destes parâmetros é utilizada para compreender o impacto do cenário operacional no UAS durante a execução das suas tarefas. Para quantificar cada um destes parâmetros, os tipos de cenários comuns foram examinados com base nas suas tarefas e ambiente e, em seguida, foram criadas métricas para as duas principais subdivisões destes parâmetros que definem o cenário operacional: Tipo de infraestrutura e Tipo de recolha de dados. Estas métricas são suportadas por atributos ponderados, sendo os pesos atribuídos com base no valor da sua relevância para os atributos.

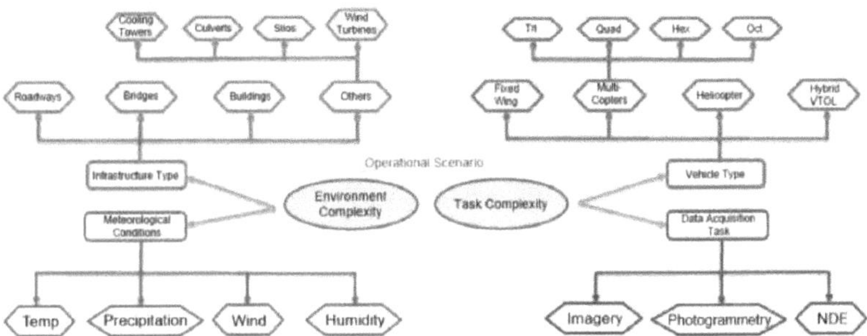

Figura 11: Modelo da relação entre o ambiente e a complexidade da tarefa

O tipo de infraestrutura é diferenciado de acordo com a estrutura que é monitorizada pelo UAS durante a execução da SHM, por exemplo, edifícios, estradas, pontes, etc. As condições meteorológicas baseiam-se nos factores que rodeiam o tipo de infraestrutura onde o UAS está implantado e são avaliadas com base na temperatura, precipitação, velocidade do vento e humidade. No nosso modelo, integraremos as condições meteorológicas como um dos atributos que contribuem para a complexidade do tipo de infraestrutura. Em termos de complexidade das tarefas, o tipo de veículo descreve os tipos de UAS utilizados para efetuar as operações, por exemplo, asa fixa, multicóptero, VTOL híbrido, Lighter Than Air (LTA) ou helicóptero. Os tipos de aquisição de dados dividem-se, em termos gerais, em quatro categorias diferentes: Imagiologia, modelação 3D, NDE sem contacto e NDE com contacto. Estes tipos de aquisição de dados diferem no seu nível de dificuldade e foram seleccionados com base nas tarefas que um UAS pode realizar para recolher informações sobre o estado de uma estrutura.

Embora existam quatro subdivisões principais para os dois parâmetros do cenário de implantação, neste modelo apenas quantificaremos as subdivisões que afectam diretamente o ambiente operacional do UAS, e não o tipo ou a classe do UAS em si. Esta análise centra-se na quantificação dos tipos de infra-estruturas e dos métodos de recolha de dados para os comparar com o AL e o TRL do UAS. A razão para utilizar subdivisões seleccionadas na nossa análise é relacionar diretamente os factores ambientais com a autonomia e a fiabilidade do UAS. O tipo de UAS é diferente da sua classe; o tipo de UAS descreve a sua estrutura física, enquanto a classe de UAS depende da sua dimensão. Nesta análise, não consideraremos a classe ou o tipo de UAS para a realização de aplicações, mas o foco é ajudar um operador de UAS a tomar uma decisão ao implantar um UAS com um AL e TRL específicos num ambiente ou cenário específico. A próxima secção explicará a criação das métricas e dos atributos para os parâmetros-chave. O primeiro parâmetro que examinaremos em pormenor no que diz respeito ao cenário de utilização é a complexidade ambiental. Este quadro foi criado com uma lista de diferentes tipos de infra-estruturas que podem ser analisadas pelo UAS. Este quadro de tipos de infra-estruturas contém uma série de métricas que vão de 1 a 10 para uma vasta gama de infra-estruturas de complexidade variável. O valor dos parâmetros aumenta à medida que a complexidade do tipo de infraestrutura aumenta, desde estradas rurais abertas e não pavimentadas até superestruturas de pontes suspensas. Estas métricas são apoiadas por atributos que contribuem para a complexidade da infraestrutura, como se pode ver na tabela abaixo, tais como a dimensão da estrutura, as obstruções físicas em torno da estrutura, as condições meteorológicas no momento em que a operação do UAS é realizada, a localização geográfica do ambiente e os factores que podem causar interferência de sinal na ligação entre o UAS e o piloto ou a estação terrestre. A ponderação destes atributos é avaliada com base no impacto comparável em cada atributo com valores de 1 a 10. A lista dos diferentes tipos de infra-estruturas com as suas métricas e atributos é resumida no quadro seguinte. 3 abaixo.

Quadro 3 Lista de tipos de infra-estruturas com atributos e métricas

Metric	Infrastructure Type
1	Open Unpaved Rural Roads
2	Paved Urban Roads
3	Highways
4	Houses / Small Buildings
5	Skyscrapers
6	Dams
7	Wind Turbines
8	Regular Beam & Truss Bridges
9	Off-Shore Oil Platforms
10	Suspension Bridge Superstructures

Attributes	Weight
Size of Structure	0.2
Physical Obstacles	0.2
Weather	0.2
Geography	0.2
Signal Interference	0.2

Depois de definirmos estas métricas e atributos para estes tipos de infra-estruturas, podemos utilizá-los para criar uma função que nos dê um valor através da combinação destas métricas, atributos e pesos. Neste modelo, atribuímos o mesmo peso de 0,2 a todos os cinco atributos dos tipos de infra-estruturas, embora os pesos atribuídos a cada atributo possam ser alterados em função da sua importância em relação a outros atributos. Note-se que a soma total dos pesos de todos os atributos deve ser igual a 1. Cada um destes atributos tem também a sua própria métrica, que varia de 1 a 10, com base no impacto do atributo no tipo de infraestrutura. Por exemplo, o valor da métrica do atributo "dimensão da estrutura" para uma turbina eólica depende da dimensão comparável da turbina eólica que está a ser inspeccionada em relação a outras turbinas eólicas.

Equação 2: Formulação da função de complexidade ambiental

$$E(\mathrm{x}) = \sum_{i=0}^{n} M_E * [w_i * A_i]$$

$$E_{max} = 10 * [5 * (0.2 * 10)]$$

$$E_{max} = 100$$

Uma vez identificada a infraestrutura a analisar e atribuídas todas as métricas e pesos aos atributos, é formulada uma função matemática, como mostra a Eq. 2, que quantifica a complexidade ambiental. Para tal, a métrica do tipo de infraestrutura (M_E) é multiplicada pela soma do produto dos pesos atribuídos ao atributo (w_i) e da métrica do atributo (A_i). Esta fórmula quantifica o valor da complexidade ambiental de um valor mínimo de 1 a um valor máximo de 100, como mostra a Eq. 2. O próximo parâmetro que examinaremos em pormenor relativamente ao cenário de implantação é o método de recolha de dados. Esta tabela foi criada com uma lista de diferentes tipos de dados que podem ser efectuados pelo UAS como parte das suas tarefas SHM. Esta tabela de métodos de recolha de dados contém uma gama de métricas de 1 a 10 para as tarefas SHM executadas pelo UAS com base na sua complexidade. O valor da métrica aumenta com a dificuldade da tarefa, desde uma tarefa simples, como a captação de imagens de baixa resolução, até uma tarefa muito complexa, como a inspeção ultra-sónica de contactos. Estas tarefas são categorizadas de acordo com o tipo de dados obtidos, tais como Imagiologia, modelação 3D, NDE sem contacto e com contacto. Cada uma destas diferentes classes de métodos de aquisição de dados tem o seu próprio conjunto de atributos com base no tipo de aquisição de dados e na diferente natureza das classes de tarefas. A lista dos diferentes métodos de aquisição de dados, com as suas métricas e subdivisões, é apresentada no Quadro. 4.

Metric	Data Acquisition Method	
1	Distant Low Res Aerial Imagery	
2	Close-up Aerial Imagery (<2m)	
3	Distant HD Aerial Imagery (18MP+)	Imagery
4	Close-up HD Aerial Imagery	
5	3D Photogrammetry Rendering	
6	Light Detection & Ranging (LiDAR)	3D Modelling
7	Non Contact NDE: Infrared Thermography	
8	Non-Contact NDE: GPR	Non-Contact NDE
9	Non-Contact NDE: Laser Shearography	
10	Contact NDE: Ultrasound	Contact NDE

À semelhança da complexidade ambiental, os métodos de recolha de dados também são apoiados por atributos que contribuem para a complexidade dos métodos de recolha de dados (ver Quadro. 5 abaixo. Existem quatro grupos diferentes de atributos para cada classe de aquisição de dados. Os atributos para a imagiologia incluem o peso do equipamento, a composição da imagem, a proximidade do UAS ao objeto e a estabilidade necessária para captar dados de alta qualidade, enquanto os atributos para a modelação 3D incluem o peso do equipamento, a precisão dos dados captados, a densidade de pontos das representações 3D e o tempo de aquisição necessário para captar uma quantidade significativa de pontos densos da estrutura digitalizada. Para os ensaios não destrutivos sem contacto (NDE), os atributos incluem o peso do equipamento NDE, por exemplo câmara termográfica ou radar de penetração no solo (GPR), a precisão dos dados captados, a distância mínima necessária para a captação de dados e o tempo necessário para a captação de dados, enquanto que para os ensaios não destrutivos sem contacto, os atributos incluem o peso do equipamento, a precisão dos transdutores, a profundidade de penetração abaixo da superfície a ser digitalizada e a área que pode ser digitalizada num voo.

Imagery		3D Modelling		Non-Contact NDE		Contact NDE	
Attributes	Weight	Attributes	Weight	Attributes	Weight	Attributes	Weight
Equipment Weight	0.3	Equipment Weight	0.3	Equipment Weight	0.3	Equipment Weight	0.3
Composition	0.2	Precision	0.3	Accuracy	0.3	Precision	0.3
Proximity	0.3	Point Density	0.2	Proximity	0.2	Penetration	0.2
Stability	0.2	Acquisition Time	0.2	Acquisition Time	0.2	Scanned Area	0.2

Quadro 5 Lista de atributos com ponderação para os métodos de recolha de dados

Uma vez definidas as métricas e os pesos dos atributos para os diferentes métodos de recolha de dados, podemos utilizá-los para criar uma função que nos dê um valor combinando essas métricas, atributos e pesos. Neste modelo, atribuímos pesos diferentes a todos os atributos dos métodos de recolha de dados, dependendo da sua importância em comparação com outros atributos. A soma total dos pesos de todos os atributos de cada classe de recolha de dados deve ser igual a 1.

Estes pesos dos atributos das quatro classes são avaliados por métricas de 1 a 10, com base no impacto comparativo de cada atributo no método de recolha de dados. Por exemplo, o valor métrico do atributo "peso do equipamento" para a captação de dados de imagem depende do peso da câmara montada no UAS em comparação com o peso de outras câmaras.

Equação 3: Formulação da função de complexidade da tarefa

$$T(x) = \sum_{i=0}^{n} M_T * [w_i * A_i]$$

$$T_{max} = 10 * [(0.3 * 10) + (0.2 * 10) + (0.3 * 10) + (0.2 * 10)]$$

$$T_{max} = 10 * [3 + 2 + 3 + 2]$$

$$T_{max} = 100$$

Uma vez identificada a tarefa a executar na infraestrutura e finalizadas todas as métricas e pesos atribuídos aos atributos, é formulada uma função matemática, como se vê na Eq. 3, que quantifica a complexidade da tarefa com base nos métodos de recolha de dados. Isto é feito de forma semelhante à fórmula para a complexidade ambiental, nomeadamente multiplicando a métrica do tipo de recolha de dados (M) pela soma do produto dos pesos atribuídos ao atributo (wi) e a métrica do atributo (Aij) do tipo de tarefa. Se mais do que uma tarefa for executada numa única missão, a mesma fórmula pode ser aplicada às outras tarefas, e o maior valor de complexidade de tarefa entre as múltiplas tarefas pode ser utilizado como valor final de complexidade de tarefa para efetuar uma análise mais aprofundada. Desta forma, a fórmula desenvolvida na Eq. 3 quantifica o valor da complexidade da tarefa desde um valor mínimo de 1 até um valor máximo de 100, permitindo que a complexidade da tarefa seja escalada com a complexidade ambiental.

Modelo de valor para a apreciação e avaliação das universidades de ciências aplicadas

A tecnologia dos robôs móveis autónomos evoluiu rapidamente na última década e começou a ter impacto em numerosos sectores de diferentes indústrias [31]. A fim de caraterizar, comparar e avaliar os avanços na autonomia dos veículos, é necessário estabelecer taxonomias e terminologias comuns. Até à data, várias agências governamentais, como o Gabinete de Programas Conjuntos do Departamento de Defesa (JPO), o Centro de Apoio a Manobras do Exército dos EUA e o Instituto Nacional de Normas e Tecnologia (NIST), conduziram projectos separados mas inter-relacionados para descrever os comportamentos dos robôs [32]. Embora se trate sobretudo de projectos militares para sistemas de combate, podem ser modificados modelos de comportamento autónomo semelhantes para utilização comercial. Embora existam várias referências e métricas que foram criadas para avaliar a autonomia dos UAS, neste caso vamos criar uma versão do ATRA que pode ser inserida no modelo mais vasto de análise de decisões de operações de UAS discutido anteriormente.

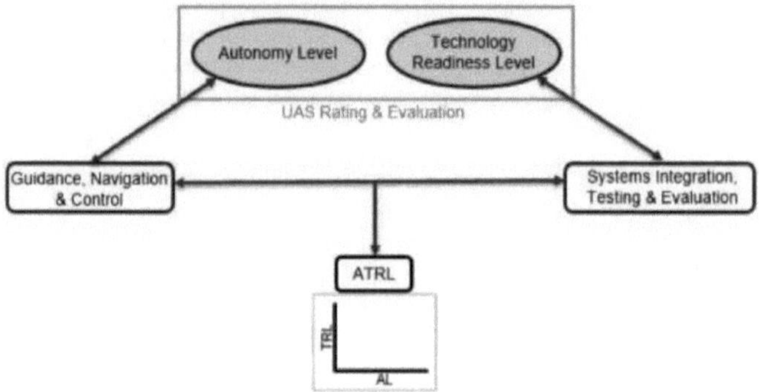

Figura 12: Modelo para a relação entre o grau de autonomia e o grau de preparação para a tecnologia

Os dois parâmetros utilizados para avaliar a autonomia e a robustez de um sistema a implementar são: Nível de Autonomia (AL) e Nível de Prontidão Tecnológica (TRL). Estes parâmetros são combinados para formar a Avaliação da Autonomia e da Prontidão Tecnológica (ATRA), que pode ser utilizada para uma visão holística da componente de software do UAS [33,34]. A rede entre AL e TRL para formar a ATRA é mostrada na Fig. 12. A utilização deste quadro para avaliar os UAS autónomos pode ser utilizada para comparações qualitativas e quantitativas, que podem ser efectuadas utilizando uma função de valor formulada. A razão para criar este quadro é permitir que a comunidade de UAS disponha de um conjunto comum de avaliações que possa ser sistematicamente utilizado para comparar a autonomia de um UAV com outro, independentemente dos componentes físicos utilizados para o produzir.

O quadro ATRA pode ser utilizado não só para medir a maturidade e a robustez dos UAS, mas também para qualquer outro veículo que utilize tecnologias autónomas, como os veículos submarinos não tripulados (UUV), os veículos terrestres não tripulados (UGV) ou mesmo os automóveis autónomos, se este quadro puder ser adequadamente modificado para ser utilizado universalmente [35]. Neste trabalho, apenas utilizaremos este quadro para explorar a forma como pode ser utilizado em aplicações SHM para determinar o nível ótimo de autonomia para diferentes tarefas. Neste caso, utilizaremos as definições de AL, TRL e ATRA definidas pelo NiST como Níveis de Autonomia para Sistemas Não Tripulados (ALFUS) [36,37], com as modificações necessárias de outras fontes para apoiar as nossas aplicações SHM. Este capítulo utiliza o exemplo de um UAV montado com componentes e sistemas de controlo prontos a utilizar e avalia-o com base no quadro ATRA desenvolvido para demonstrar a sua utilização e eficácia na avaliação de UAS autónomos, tendo em conta o seu ambiente operacional.

Métrica utilizada para avaliar e medir sistematicamente as capacidades e limitações autónomas de um UAS [38]. Esta métrica varia de 1 a 10 e representa o aumento do comportamento autónomo de UAS pilotados remotamente com controlo de voo rudimentar de primeira ordem para capacidades totalmente autónomas em que o piloto já não precisa de tomar quaisquer decisões. A AL de um UAS baseia-se principalmente nas suas capacidades GNC, que são o principal atributo para permitir a autonomia no componente de hardware do UAS. Uma vez que as capacidades GNC do UAS são diretamente proporcionais às capacidades de autonomia do UAS, à medida que a funcionalidade GNC aumenta, o AL do UAS também aumenta. A lista dos diferentes níveis de autonomia para o nosso exemplo está resumida no quadro seguinte. 6 abaixo.

Quadro 6 Lista de níveis de autonomia (AL) com descrições

Autonomy Levels	
Level	**Description**
1	Remote Control
2	Automatic Flight Control
3	System Fault Adaptive
4	GPS Assisted Navigation
5	Path Planning & Execution
6	Real Time Path Planning
7	Dynamic Mission Planning
8	Real Time Collaborative Mission Planning
9	Swarm Group Decision Making
10	Fully Autonomous

Um conjunto de métricas utilizadas por muitas organizações e agências governamentais

para avaliar sistematicamente a fiabilidade e a maturidade da tecnologia utilizada, neste

caso os UAS autónomos [32]. Esta métrica varia de 1 a 10 e refere-se ao progresso do

desenvolvimento, integração, validação e implantação do sistema, desde a formulação dos princípios básicos do sistema até à sua implantação e estado totalmente funcional. O

TRL de um UAS baseia-se principalmente na integração do sistema, no ambiente de

teste, no cenário da missão e no desempenho, o que vai a par da fiabilidade da

combinação de autonomia e hardware que pode ser implementada no UAS [32]. Os

níveis TRL que utilizamos para o nosso exemplo são apresentados no quadro seguinte.

7 abaixo.

Quadro 7 Lista dos níveis de preparação tecnológica (TRL) com descrição

Technology Readiness Levels	
Level	Description
1	Basic Principles
2	Application Formation
3	Technology Concepts & Research
4	Tech Development & Proof of Concept
5	Low Fidelity Component Testing (Labs)
6	System Integration & Flight Tests
7	Prototype Demonstration & Operation
8	Prototype Operation in Realistic Mission Scenario
9	UAS Mission Deployment
10	Fully Operational Status

Exemplo de uma formulação ATRA para um hexacóptero

Utilizando o exemplo de um hexacóptero caseiro montado a partir de componentes disponíveis no mercado, será demonstrada a aplicação da avaliação AL e TRL para criar um diagrama ATRA. Para avaliar o AL deste UAV, é necessário avaliar as capacidades GNC do componente de controlo de voo. O controlador de voo utilizado neste UAV é o 3DR Pixhawk mini [39], um controlador de voo disponível no mercado para UAS, concebido e fabricado pela empresa de drones 3D Robotics, sediada em Berkeley [40]. Este sistema de controlo de voo tem um sistema de estabilidade de voo automático incorporado, apoiado por um giroscópio e um altímetro, para se adaptar às mudanças dinâmicas do ambiente, como a alteração da velocidade do vento, e manter o drone estável durante o voo.

Este controlador de voo permite a instalação de uma unidade modular de GPS e bússola no CPU principal do controlador de voo para permitir um posicionamento preciso através do software da estação terrestre - px4 autopilot pro [41]. Este planeador de missão utiliza a navegação por pontos de passagem baseada no GPS, o que permite ao utilizador pré-programar uma trajetória e permitir que o UAS a execute de forma autónoma. Com base na tabela de AL e nas capacidades GNC do controlador de voo Pixhawk Mini, verificamos que este pode executar integralmente tarefas até AL 5, ou seja, "planeamento e execução de trajectórias". À medida que subimos na escala AL até ao nível 6, capacidades como o planeamento da trajetória em tempo real e o planeamento dinâmico da missão só podem ser testadas e experimentadas modificando o sistema de controlo de voo ou o software da estação terrestre e equipando o sistema de controlo de voo com hardware adicional, como sensores de desvio de obstáculos, que permitem estas capacidades autónomas no UAS. Uma vez que estas capacidades ainda não foram implementadas, o NA para "operação segura" é fixado em 5, como se mostra no Quadro. 8 abaixo.

Technology Readiness Levels		Autonomy Levels	
Level	Description	Level	Description
1	Basic Principles	1	Remote Control
2	Application Formation	2	Automatic Flight Control
3	Technology Concepts & Research	3	System Fault Adaptive
4	Tech Development & Proof of Concept	4	GPS Assisted Navigation
5	Low Fidelity Component Testing (Labs)	5	Path Planning & Execution
6	System Integration & Flight Tests	6	Real Time Path Planning
7	Prototype Demonstration & Operation	7	Dynamic Mission Planning
8	Prototype Operation in Realistic Mission Scenario	8	Real Time Collaborative Mission Planning
9	UAS Mission Deployment	9	Swarm Group Decision Making
10	Fully Operational Status	10	Fully Autonomous

Quadro 8: Seleção dos valores AL e TRL para ATRA

Para fundamentar a nossa afirmação anterior sobre a "operação segura" com base na AL, utilizaremos a escala TRL. Uma vez que o TRL depende não só dos componentes GNC críticos que permitem a autonomia, mas também da integração do sistema e da fiabilidade operacional de todo o UAS, devemos também considerar os outros componentes de hardware utilizados na montagem do UAV ao avaliar o TRL. Neste cenário, vemos que este UAS foi voado regularmente para o AL 5 para capturar imagens e vídeos com o seu sistema integrado de gimbal e câmara num caminho pré-planeado. Isto coloca o TRL em 8, o que, de acordo com a métrica, significa "operação de protótipo num cenário de missão realista", uma vez que o planeamento da trajetória foi utilizado para realizar a tarefa de captura de imagem e vídeo e só foi realizado com este protótipo. Se se quiser considerar a implantação total do UAS, o UAV deve ser produzido em série e as suas missões devem ser realizadas regularmente, com um historial que comprove o cumprimento bem sucedido das suas tarefas. Nesta base, é atribuído ao hexacóptero utilizado neste exemplo um TRL de 8 para um AL de 5, tal como salientado no quadro. 8 acima é destacado.

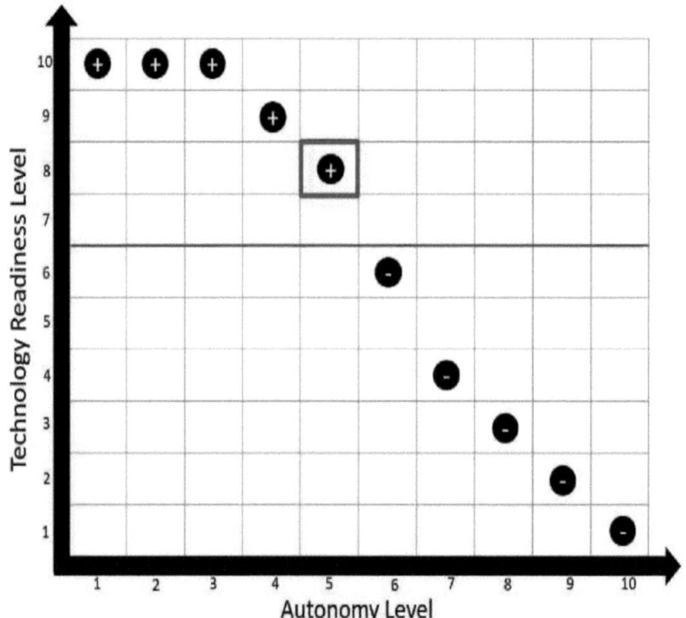

Figura 13: Diagrama ATRA para o drone hexacóptero

A partir dos resultados das métricas AL e TRL, podemos criar o gráfico ATRA traçando o AL no eixo X e o TRL no eixo Y. A Figura 13 mostra o diagrama ATRA para o hexacóptero. Aqui destacámos o círculo no bloco de AL 5 e TRL 8 com um quadrado vermelho para indicar a extensão das capacidades autónomas operacionais seguras do UAV. Os índices "+" e "-" nos blocos individuais indicam se o respetivo AL e TRL foram implementados no sistema. Neste diagrama ATRA, o TRL para todos os AL acima de 6 permanece abaixo de 6, uma vez que não cumpre os requisitos necessários para ser implementado no UAS. Para que um sistema seja implementado, o TRL do UAS deve ser pelo menos, pelo que um UAS com um TRL inferior a 7 só pode ter um "-", este limiar é demarcado por uma linha vermelha abaixo da linha TRL 7.

CAPÍTULO 6
APLICAÇÃO DO MODELO DE VALOR DESENVOLVIDO

No capítulo anterior, criámos métricas e funções que nos permitiram quantificar factores abstractos como o ambiente, a dificuldade da tarefa, a autonomia e a fiabilidade do UAS que executa a missão. Neste capítulo, utilizaremos as funções e métricas criadas para avaliar os riscos e o valor de uma determinada missão, que podem depois ser utilizados para orientar os operadores de UAS antes das missões de voo. A análise de risco e o valor operacional que discutiremos na próxima parte deste capítulo podem ser utilizados para vários fins, desde a autorização segura de voos de UAS com base em diferentes cenários operacionais até à ajuda na fixação de preços e análise de custos de missões com base no ambiente e nas tarefas. A aplicação e a utilização do modelo de valor previamente desenvolvido serão aplicadas e demonstradas nos cenários operacionais seguintes: Os cenários de missão que examinamos nos exemplos seguintes utilizam uma variedade de diferentes cenários de missão realistas definidos pela tarefa executada, a carga útil transportada, o tipo de infraestrutura a ser inspeccionada e as condições de voo. O valor operacional resultante pode ser utilizado como base para a criação de um modelo de preços baseado em dólares para operações comerciais de UAS, enquanto o valor do risco pode ser utilizado como um modelo para ajudar o operador de UAS a tomar decisões antes das operações de UAS, considerando o equilíbrio entre as características do UAS e o cenário operacional. Os resultados destes modelos podem servir de ponto de partida para explorar e compreender o impacto de outros factores nas operações de UAS, como os factores humanos, a ergonomia, a física detalhada do UAS e os mecanismos de segurança.

Valor operacional e análise de risco

Cada operação UAS é diferente à sua maneira e, a fim de criar um método normalizado que possa ser utilizado para quantificar o valor destas operações, desenvolvemos uma formulação do valor da operação. Esta formulação consiste na combinação das quatro principais métricas desenvolvidas no capítulo anterior: Complexidade Ambiental - E(x), Complexidade da Tarefa - T(x), Nível de Autonomia - AL e Nível de Prontidão Tecnológica - TRL. Para incorporar eficazmente estas diferentes métricas e fornecer-nos o valor operacional, o valor da complexidade ambiental e o valor da complexidade da tarefa são adicionados um ao outro, e este é depois adicionado à soma de dez vezes o AL e o TRL para escalar os valores brutos obtidos a partir das respectivas métricas.

$$V(x) = E(x) + T(x) + 10 * [AL + TRL]$$

$$V_{max} = 100 + 100 + 10 * [10 + 10]$$

$$V_{max} = 400$$

Equação 4: Formulação da função de valor operacional

A formulação matemática da função de valor operacional é mostrada na Eq. 4 acima. Desta forma, todos os quatro parâmetros primários estão igualmente representados na formulação do valor operacional e, portanto, desempenham um papel igual na determinação do valor operacional final. Com esta formulação, o valor operacional total pode variar de um valor mínimo de 22 a um valor máximo de 400. O valor operacional $V(x)$ na Eq. 4 quantifica a dificuldade e a complexidade globais das operações do UAS a realizar, tendo em conta os atributos físicos e autónomos do UAS, bem como o cenário operacional, ajudando assim o utilizador a obter uma visão holística em termos de tomada de decisões operacionais.

À semelhança da forma como as várias métricas que desenvolvemos foram utilizadas para atribuir um valor único que quantifica as operações de UAS, utilizaremos o mesmo conjunto de valores métricos para realizar uma análise de risco das operações de UAS que ajudará o operador de UAS na tomada de decisões antes do voo. O principal objetivo desta análise de risco é fornecer ao operador de UAS informações valiosas sobre se as capacidades do UAS que irá utilizar para realizar a missão específica são adequadas para realizar as missões no ambiente operacional específico. Por conseguinte, o modelo de análise de risco aqui utilizado centra-se na simples comparação dos parâmetros do cenário operacional com os parâmetros de avaliação do UAS.

Equação 5 Lógica da análise de risco

$$IF$$

$$0.1 * [E(x) + T(x)] \leq AL + TRL$$

$$THEN$$

$$Operation\ safe\ with\ UAS\ configuration$$

$$ELSE$$

$$Operation\ NOT\ safe\ with\ UAS\ configuration$$

A lógica exacta da análise de risco desenvolvida para este fim é mostrada na Eq. 5, em que 0,1 vezes a soma do valor da complexidade ambiental - $E(x)$ e do valor da complexidade da tarefa $T(x)$ de um lado é equilibrada com a soma de AL e TRL do outro lado. Se o valor resultante dos parâmetros do cenário de projeção no lado esquerdo for inferior ou igual aos parâmetros de avaliação do UAS no lado direito da fórmula de desigualdade, a operação do UAS pode ser considerada segura para execução; caso contrário, o cenário de projeção é demasiado difícil para o UAS e, por conseguinte, não é seguro para a operação, a menos que possa ser projetado um UAS mais avançado.

Avaliação do cenário de implantação de UAS utilizando uma função de valor

Nesta secção, utilizaremos as formulações de análise de risco e de valor operacional desenvolvidas e aplicá-las-emos a diferentes cenários de missão para demonstrar os benefícios destes modelos de valor para a fixação de preços e a tomada de decisões em operações de UAS para a realização de aplicações SHM.

O Departamento de Transportes do Estado quer fazer um levantamento aéreo de alta resolução de uma estrada de 8 km no centro da cidade, utilizando uma câmara DSLR Canon EOS 70D montada sob um drone de asa fixa. O drone é capaz de voar numa trajetória pré-planeada a partir da estação terrestre e a missão está programada para um dia com boa visibilidade e ventos fracos.

Para realizar este tipo de análise, começamos por utilizar as métricas do cenário operacional dos tipos de infra-estruturas e dos métodos de recolha de dados para obter os valores da complexidade ambiental e da complexidade da tarefa. Neste caso, as estradas do centro da cidade a serem analisadas pertencem à categoria "estradas urbanas pavimentadas", que tem um valor de 2 nas nossas métricas de infra-estruturas. Todos os atributos nesta análise são igualmente ponderados e os valores dos atributos são determinados comparando a estrada urbana pavimentada a ser analisada neste cenário com outras estradas urbanas pavimentadas. Ao comprimento desta estrada no centro da cidade é atribuído um valor de atributo de 5, com base no comprimento da estrada que está a ser analisada. Uma vez que o drone estará a operar sobre a rua da cidade, poderá haver alguns obstáculos, pelo que o valor do atributo para obstáculos físicos é 4. Uma vez que o levantamento será efectuado sobre a cidade num dia relativamente agradável, é atribuído ao clima um valor de 2 e à geografia um valor de 4. Devido às muitas estruturas metálicas, como antenas e torres de telecomunicações na área, que podem causar interferência de rádio, a interferência de sinal pode ser moderada e é atribuído um valor de 5. A tabela. 9 contém os pesos e valores dos atributos para cada um dos cinco atributos que nos ajudam a quantificar a complexidade do ambiente. Utilizando estes pesos e valores dos atributos do quadro. 9, podemos calcular o valor da complexidade ambiental como mostra a Eq. 6 abaixo. O valor final da complexidade ambiental resultante desta equação é 8.

$$\textbf{Tabela 9: } \text{Pesos e valores dos atributos para estradas urbanas asfaltadas}$$

Paved Urban Road		
Attributes	**Weight**	**Value**
Size of Structure	0.2	5
Physical Obstacles	0.2	4
Weather	0.2	2
Geography	0.2	4
Signal Interference	0.2	5

$$E(x) = \sum_{i=0}^{n} M_E * [w_i * A_i]$$

$$E(x) = 2 * [(0.2 * 5) + (0.2 * 4) + (0.2 * 2) + (0.2 * 4) + (0.2 * 5)]$$

$$E(x) = 8$$

Equação 6: Valor da complexidade ambiental da via urbana

De forma semelhante, podemos calcular o valor da complexidade da tarefa utilizando as métricas de recolha de dados e os pesos e valores dos atributos associados. A partir da lista de métricas de recolha de dados, podemos ver que a tarefa "Imagens aéreas HD à distância" realizada aqui tem um valor de 3. Para esta tarefa, os quatro atributos diferentes, juntamente com os pesos e valores que lhes foram atribuídos, são apresentados na tabela seguinte. 10 abaixo. O atributo "Equipamento" é ponderado com 0,3 e recebe o valor

valor de atributo de 7, uma vez que a *Canon EOS 70D DSLR* [42] é bastante pesada em comparação com outras câmaras HD. É atribuída uma ponderação de 0,2 à composição da imagem e um valor de atributo de 5, uma vez que as imagens aéreas HD requerem um nível médio de pormenor na composição para captar os defeitos maiores na estrada. A proximidade tem uma ponderação de 0,3 e um valor de atributo de 2, uma vez que a aeronave de asa fixa voa a uma altitude relativamente elevada acima da estrada durante a imagem aérea. Como a estabilidade da imagem desta missão não tem de ser muito estável e é complementada pelas características de voo relativamente estáveis da aeronave de asa fixa, é-lhe atribuído um valor de 4. Com estas ponderações e valores dos atributos apresentados no Quadro. 10, podemos calcular o valor da complexidade da tarefa utilizando a equação 7. O valor da complexidade da tarefa de imagens aéreas HD à distância determinado com esta equação é 13,5.

Quadro 10: Ponderações e valores dos atributos para imagens aéreas HD à distância

Distant HD Aerial Imagery		
Attributes	**Weight**	**Value**
Equipment Weight	0.3	7
Composition	0.2	5
Proximity	0.3	2
Stability	0.2	4

$$T(\mathrm{x}) = \sum_{i=0}^{n} M_T * [w_i * A_i]$$

$$T(x) = 3 * [(0.3 * 7) + (0.2 * 5) + (0.3 * 2) + (0.2 * 4)]$$

$$T(x) = 13.5$$

Equação 7: Valor da complexidade da tarefa de imagens aéreas HD à distância

Uma vez quantificado o cenário de implantação, é igualmente necessário quantificar os factores de avaliação das características do UAS. Para o efeito, utilizamos os dois parâmetros Autonomy Level (AL) e Technology Readiness Level (TRL). Uma vez que o controlo de voo do UAS, nesta situação, utiliza a navegação por waypoints pré-programados, tem um valor de AL de 5. Ao UAS aqui utilizado para uma missão de captura de imagens HD, é-lhe atribuído um valor de TRL de 9. Utilizando todos os valores resultantes do cenário da missão e da classificação do UAS, podemos encontrar o valor operacional final para esta missão. Utilizando a fórmula apresentada na Equação 8, obtém-se um valor operacional de 35,5, o que significa que esta operação do UAS é simples e que o UAS disponível para esta tarefa não é muito exigente. Com base neste valor baixo, podemos assumir que esta missão é relativamente barata de executar e que o UAS necessário para esta tarefa não precisa de ser muito sofisticado.

Os valores para a complexidade ambiental, complexidade da tarefa, AL e TRL também podem ser utilizados para efetuar uma análise de risco simples para determinar se a missão a realizar pode ser executada em segurança com base apenas no cenário da missão e nas características do UAS. A análise de risco para este cenário de missão é efectuada através do equilíbrio entre o cenário de missão e as características do UAS. Neste caso, a missão a realizar é segura com a configuração disponível do UAS e o ambiente e a tarefa não são demasiado complexos para serem realizados.

Cenário de funcionamento 2

Um empreiteiro pretende realizar uma inspeção térmica por infravermelhos a um edifício residencial de três andares numa cidade para criar um mapa de perdas de calor

utilizando uma câmara termográfica FLIR A6750sc SLS montada num drone construído em casa e controlado por um controlador personalizado que não possui um sistema de auto-estabilização e de manutenção de altitude. A operação deve ser realizada num dia com boa visibilidade e velocidade média do vento, com controlo remoto manual a partir do solo.

À semelhança do caso anterior, começamos com as métricas para os cenários operacionais dos tipos de infra-estruturas e métodos de recolha de dados para obter os valores da complexidade ambiental e da complexidade da tarefa. O edifício de três andares analisado neste caso enquadra-se na categoria "pequenos edifícios", que tem um valor de 4 nas nossas métricas de infra-estruturas. Todos os atributos nesta análise são ponderados de forma igual e os valores dos atributos são determinados comparando o edifício analisado neste cenário com outros edifícios. Ao tamanho do edifício é atribuído um valor de atributo de 7 com base no tamanho dos edifícios que estão a ser analisados. Uma vez que o drone opera muito próximo do edifício, pode haver poucos obstáculos, como antenas, pelo que o valor do atributo para os obstáculos físicos é 5. Uma vez que o scan é efectuado num dia com boa visibilidade e vento médio, é atribuído um valor de 4 às condições meteorológicas e um valor de 3 à geografia da pequena cidade. Devido às muitas estruturas metálicas, tais como antenas de televisão, localizadas perto do edifício, a interferência do sinal pode ser baixa a moderada e é-lhe atribuído um valor de 3. Os pesos e valores dos atributos para cada um dos cinco atributos que nos ajudam a quantificar a complexidade do ambiente são apresentados na Tabela. 11 abaixo. Utilizando a Equação 9, o valor final da complexidade ambiental foi calculado em 17,6.

Tabela 11: Pesos e valores dos atributos para um edifício de três andares

3 Story Building		
Attributes	**Weight**	**Value**
Size of Structure	0.2	7
Physical Obstacles	0.2	5
Weather	0.2	4
Geography	0.2	3
Signal Interference	0.2	3

$$E(x) = \sum_{i=0}^{n} M_E * [w_i * A_i]$$

$$E(x) = 4 * [(0.2 * 7) + (0.2 * 5) + (0.2 * 4) + (0.2 * 3) + (0.2 * 3)]$$

$$E(x) = 17.6$$

Equação 9: Valor da complexidade ambiental de um edifício de três andares

Podemos calcular o valor da complexidade da tarefa utilizando as métricas de recolha de dados e os pesos e valores dos atributos associados. A partir da lista de métricas de recolha de dados, podemos ver que a tarefa "Infrared thermography" (Termografia por infravermelhos) realizada aqui tem um valor de 7. Para esta tarefa, os quatro atributos diferentes, juntamente com os pesos e valores que lhes foram atribuídos, são apresentados na tabela seguinte. 12 abaixo. Ao atributo Peso do dispositivo é atribuído um peso de 0,3 e um valor de atributo de 7 porque a câmara termográfica FLIR A6750sc SLS [43] é mais pesada do que outras câmaras termográficas. A precisão é ponderada com 0,3 e tem um valor de atributo de 8, uma vez que a câmara tem uma excelente qualidade de imagem de 640 x 512 pixels [43]. A proximidade é ponderada com 0,2 e tem um valor de atributo de 7, uma vez que o quadricóptero deve voar a pelo menos 3 metros de distância das paredes do edifício para este rastreio. Como o tempo de gravação dos dados desta câmara que está montada no UAS, está ligeiramente acima da média em comparação com outras câmaras termográficas e recebe um valor de 6. Com estas ponderações e valores dos atributos apresentados na Tabela. 12, podemos calcular o valor da complexidade da tarefa utilizando a equação 10. O valor da complexidade da tarefa das imagens aéreas HD remotas obtido com esta equação é 49,7.

Table 12. Pesos e valores dos atributos para a termografia por infravermelhos

Infrared Thermography		
Attributes	**Weight**	**Value**
Equipment Weight	0.3	7
Accuracy	0.3	8
Proximity	0.2	7
Acquisition Time	0.2	6

$$T(\mathrm{x}) = \sum_{i=0}^{n} M_T * [w_i * A_i]$$

$$T(x) = 7 * [(0.3 * 7) + (0.3 * 8) + (0.2 * 7) + (0.2 * 6)]$$

$$T(x) = 49.7$$

Equação 10: Valor da complexidade da tarefa de termografia por infravermelhos

Uma vez quantificado o cenário de implantação, é igualmente necessário quantificar os factores de avaliação das características do UAS. Para o efeito, utilizamos os dois parâmetros Autonomy Level (AL) e Technology Readiness Level (TRL). Como se trata de um UAV de construção caseira que não dispõe de um controlador de voo que permita a estabilização automática e só pode efetuar operações de controlo remoto, tem um valor de AL de 1. O UAV utilizado foi montado a partir de componentes prontos a utilizar e foi submetido a poucos testes formais, razão pela qual lhe é atribuído um valor TRL baixo

$$V(x) = E(x) + T(x) + 10 * [AL + TRL]$$

$$V(x) = 17.6 + 49.7 + 10 * [1 + 5]$$

$$V(x) = 73.3$$

Equação 11: Função de valor operacional para o cenário operacional 2

Utilizando os valores do cenário da missão e da avaliação do UAS, podemos determinar o valor operacional final para esta missão. Utilizando a fórmula da Eq. 11, obtém-se um valor operacional de 73,3, o que significa que a operação e o ambiente do UAS são medíocres e que o UAS é muito rudimentar para o cumprimento desta tarefa. Com base neste valor operacional, pode assumir-se que a execução desta tarefa é moderadamente valiosa e que o UAS necessário para esta tarefa pode também necessitar de ser um pouco mais sofisticado.

Os valores da complexidade ambiental, da complexidade da tarefa, do AL e do TRL também podem ser utilizados para efetuar uma análise de risco simples para determinar se a operação a realizar pode ser executada em segurança com base apenas no cenário da missão e nas características do UAS. Esta análise de risco mostra que a operação não pode ser efectuada em segurança com a configuração disponível do UAS, tendo em conta o cenário da missão e o UAS. Nesta situação, o ambiente e a tarefa são muito mais complexos do que a tecnologia UAS aqui utilizada pode suportar. Uma forma de resolver este problema seria melhorar a autonomia e a robustez do próprio UAS ou esperar que a velocidade do vento diminua para efetuar uma operação mais segura.

Cenário de funcionamento 3

Uma empresa de fabrico de turbinas eólicas pretende efetuar uma inspeção ultra-sónica nas pás da turbina eólica para identificar e localizar delaminações e microfissuras numa turbina eólica com 350 pés de altura numa zona rural. Para realizar esta tarefa, um piloto controla remotamente um quadricóptero UAV personalizado que utiliza um sistema de controlo de voo Ardupilot com navegação GPS.

Neste cenário, utilizamos primeiro as métricas do cenário operacional para os tipos de infra-estruturas e métodos de recolha de dados para obter os valores da complexidade ambiental e da complexidade da tarefa. A turbina eólica digitalizada neste caso insere-se na categoria "turbina eólica", que tem um valor de 7 nas nossas métricas de infra-estruturas. Todos os atributos nesta análise são igualmente ponderados e os valores dos atributos são determinados comparando a turbina eólica analisada neste cenário com outras turbinas eólicas. Uma vez que esta turbina eólica tem 350 pés de altura, é-lhe atribuído um valor de atributo elevado de 9. Uma vez que esta turbina eólica não tem muitos obstáculos à sua volta para além das suas pás, o valor do atributo é 5. O clima à volta dos parques eólicos tende a ser muito ventoso, pelo que lhe é atribuído um valor de 8, e à geografia dos parques eólicos é atribuído um valor de 6, uma vez que não se encontram em terreno plano. Existem muito poucas antenas e torres de telecomunicações nas imediações dos parques eólicos, pelo que o sinal de interferência com o sinal de rádio do UAS é muito baixo, pelo que lhe é atribuído um valor de 2. O quadro. 13 contém os pesos e valores dos atributos para cada um dos cinco atributos que nos ajudam a quantificar a complexidade do ambiente. Utilizando os pesos e os valores dos atributos do quadro. 9, podemos calcular o valor da complexidade ambiental como mostra a Eq. 12 abaixo. O valor final da complexidade ambiental resultante desta equação é 42.

Table 13. Pesos e valores dos atributos de uma turbina eólica

Wind Turbine		
Attributes	**Weight**	**Value**
Size of Structure	0.2	9
Physical Obstacles	0.2	5
Weather	0.2	8
Geography	0.2	6
Signal Interference	0.2	2

$$E(x) = \sum_{i=0}^{n} M_E * [w_i * A_i]$$

$$E(x) = 7 * [(0.2 * 9) + (0.2 * 5) + (0.2 * 8) + (0.2 * 6) + (0.2 * 2)]$$

$$E(x) = 42$$

Equação 12: Valor da complexidade ambiental de uma turbina eólica

De forma semelhante, podemos calcular o valor da complexidade da tarefa utilizando as métricas de recolha de dados e os pesos e valores dos atributos associados. A partir da lista de métricas de recolha de dados, podemos ver que a tarefa "Contact Ultrasound NDE" (NDE de ultra-sons de contacto) realizada aqui tem um valor de 10. Para esta tarefa, os quatro atributos diferentes com os respectivos pesos e valores atribuídos são apresentados na tabela abaixo. 14 apresentados abaixo. O é atribuído um valor de 6, uma vez que as ondas ultra-sónicas devem penetrar em várias camadas do material compósito para obter dados valiosos sobre os danos sob a pá da turbina. À área que o transdutor pode varrer numa única passagem é atribuído um peso de 0,2 e um valor de 8, uma vez que este é um aspeto importante na determinação da área varrida num único voo. Com estes pesos e valores dos atributos apresentados na Tabela. 14, podemos calcular o valor da complexidade da tarefa utilizando a Eq. 13. O valor da complexidade da tarefa para o ensaio de ultra-sons de contacto obtido através desta equação é 79.

Table 14. Pesos e valores de atributos para ensaios ultra-sónicos sem contacto

Ultrasonic NDE		
Attributes	**Weight**	**Value**
Equipment Weight	0.3	9
Precision	0.3	8
Penetration	0.2	6
Scanned Area	0.2	8

$$T(x) = \sum_{i=0}^{n} M_T * [w_i * A_i]$$

$$T(x) = 10 * [(0.3 * 9) + (0.3 * 8) + (0.2 * 6) + (0.2 * 8)]$$

$$T(x) = 79$$

Equação 13: Valor da complexidade da tarefa do ensaio de contacto ultrassónico

Uma vez quantificado o cenário de implantação, é igualmente necessário quantificar os factores de avaliação das características do UAS. Para o efeito, utilizamos dois parâmetros: o nível de autonomia (AL) e o nível de preparação tecnológica (TRL). O controlador de voo Ardupilot

[44], este UAV é operado com navegação remota assistida por GPS e, por conseguinte, tem um valor AL de 4. O quadricóptero aqui utilizado é utilizado para realizar o NDE ultrassónico de contacto para a missão e é-lhe atribuído um valor TRL de 8, uma vez que o quadricóptero é um protótipo utilizado num cenário de missão realista. Utilizando todos os valores obtidos a partir do cenário da missão e da avaliação do UAS, podemos encontrar o valor operacional final para esta missão. Utilizando a fórmula da Eq. 14, obtemos um valor operacional de 133, o que significa que esta operação do UAS é muito complexa e que o UAS necessário para cumprir esta tarefa deve ser muito sofisticado em termos de autonomia e robustez. Com base neste valor operacional elevado, pode presumir-se que esta missão será dispendiosa e que o UAS necessário para esta tarefa deve ser muito sofisticado em termos de tecnologia e robustez.

Utilizando os valores para a complexidade do ambiente, complexidade da tarefa, AL e TRL, é efectuada uma análise de risco simples para determinar se a missão a realizar é segura com base apenas no cenário da missão e nas características do UAS. A análise de risco para este cenário de missão mostra que a missão a realizar não é segura com a configuração do UAS disponível e que a tarefa é demasiado complexa para ser realizada no ambiente em causa. A solução para este problema consistiria em melhorar a autonomia e a robustez do UAS que realizará as inspecções ultra-sónicas na turbina eólica.

Cenário de funcionamento 4

Uma empresa que efectua inspecções de pontes pretende efetuar o controlo de rotina de uma grande ponte suspensa numa grande cidade, utilizando um Routescene LiDAR montado num DJI MATRICE 600 para efetuar esta inspeção. O drone está equipado com um sistema de prevenção de obstáculos e recebe uma trajetória pré-programada para inspecionar a ponte a uma velocidade de vento de 19 mph.

Para realizar esta análise, as métricas do cenário operacional para os tipos de infra-estruturas e métodos de recolha de dados são utilizadas para obter os valores da complexidade ambiental e da complexidade da tarefa. A grande ponte suspensa a ser analisada neste cenário insere-se na categoria "Superestrutura de ponte suspensa" da nossa métrica de tipo de infraestrutura e tem um valor de 10. Todos os atributos nesta análise têm a mesma ponderação e os valores dos atributos são determinados comparando a grande ponte deste cenário com outras pontes suspensas. Ao tamanho desta grande ponte é atribuído um valor de atributo de 9 e, uma vez que esta ponte suspensa está rodeada por muitos obstáculos, o valor do atributo para obstáculos físicos é fixado em 10. Uma vez que o estudo é efectuado num dia de muito vento sobre uma cidade movimentada, é atribuído ao clima um valor de 8 e à geografia um valor de 7. Devido ao grande número de estruturas metálicas, tais como cabos de suspensão e vigas de aço na ponte, as interferências de rádio e de sinal serão extremamente elevadas, pelo que lhes é atribuído um valor de 8. O quadro. 15 apresenta os pesos e valores dos atributos para cada um dos cinco atributos, que nos ajudam a quantificar a complexidade do ambiente. Utilizando estes pesos e valores dos atributos obtidos, podemos calcular o valor da complexidade ambiental como mostra a Eq. 15 abaixo. O valor final da complexidade ambiental resultante desta equação é 84, o que indica um ambiente muito difícil.

Table 15. Pesos e valores dos atributos para a superestrutura da ponte suspensa

Suspension Bridge Superstructure		
Attributes	**Weight**	**Value**
Size of Structure	0.2	9
Physical Obstacles	0.2	10
Weather	0.2	8
Geography	0.2	7
Signal Interference	0.2	8

$$E(x) = \sum_{i=0}^{n} M_E * [w_i * A_i]$$

$$E(x) = 10 * [(0.2 * 9) + (0.2 * 10) + (0.2 * 8) + (0.2 * 7) + (0.2 * 8)]$$

$$E(x) = 84$$

Equação 15: Valor da complexidade ambiental da superestrutura da ponte suspensa

De forma semelhante, podemos calcular o valor da complexidade da tarefa utilizando as métricas de recolha de dados e os pesos e valores dos atributos associados. A partir da lista de métricas de recolha de dados, podemos ver que a tarefa "LiDAR scan" que está a ser executada aqui tem um valor de 6. Os quatro atributos diferentes para esta tarefa, com os respectivos pesos e valores atribuídos, são apresentados na tabela abaixo. 16 abaixo. O atributo Equipamento tem uma ponderação de 0,3 e é-lhe atribuído um valor de atributo de 7, uma vez que o *Routescene LidarPod* [45] é significativamente superior em comparação com outros dispositivos LiDAR baseados em UAV. A precisão é ponderada com 0,3 e recebe um valor de atributo de 7, uma vez que este dispositivo LiDAR atinge uma exatidão de <20mm a uma distância de 100m [46]. A proximidade é ponderada com 0,2 e recebe um valor de 8, uma vez que o dispositivo LiDAR pode captar 700 000 pontos 3D por segundo ao medir qualquer edifício. Uma vez que o tempo de aquisição necessário para este LiDAR mapear esta estrutura é seria menor devido à elevada velocidade de aquisição de dados, é-lhe atribuída uma ponderação de 0,2 e um valor de 4. Com estas ponderações e valores dos atributos apresentados na Tabela. 16, podemos calcular o valor da complexidade da tarefa utilizando a equação 16 abaixo. O valor da complexidade da tarefa para este levantamento LiDAR obtido através desta equação é 37,8, o que é inferior ao caso anterior do NDE ultrassónico.

Table 16. Pesos e valores dos atributos para LiDAR

Light Detection and Ranging (LiDAR)		
Attributes	Weight	Value
Equipment Weight	0.3	6
Precision	0.3	7
Point Density	0.2	8
Acquisition Time	0.2	4

$$T(\mathrm{x}) = \sum_{i=0}^{n} M_T * [w_i * A_i]$$

$$T(x) = 6 * [(0.3 * 6) + (0.3 * 7) + (0.2 * 8) + (0.2 * 4)]$$

$$T(x) = 37.8$$

Equação 16 Complexidade da tarefa Valor do LiDAR

Uma vez quantificado o cenário de implantação, é igualmente necessário quantificar os factores de avaliação das características do UAS. Para o efeito, utilizamos os dois parâmetros Autonomy Level (AL) e Technology Readiness Level (TRL). Uma vez que o controlador de voo DJI A3 [47] do UAV MATRICE 600 [48] aqui utilizado utiliza um sistema dinâmico de desvio de obstáculos em conjunto com um software de planeamento de trajectórias, é-lhe atribuído um valor AL de 7. O UAS comercialmente disponível aqui utilizado foi submetido a um grande número de testes pelos fabricantes antes do seu lançamento no mercado, a fim de permitir a avaliação do seu desempenho.

Como o UAS foi amplamente testado pelo fabricante antes do lançamento para cumprir a tarefa de levantamento LiDAR para esta missão, é-lhe atribuído um valor AL de 10. Com base nos valores resultantes do cenário da missão e da avaliação do UAS, podemos determinar o valor operacional final para esta missão. De acordo com a fórmula da Eq. 17, o valor operacional é de 138,8, o que significa que a missão do UAS é bastante complexa e que o UAS utilizado para esta tarefa deve ser altamente sofisticado para a enfrentar. Devido ao elevado valor operacional, podemos assumir que a execução desta missão será relativamente dispendiosa e que o UAS necessário para esta tarefa deve ser muito avançado em termos de autonomia e fiabilidade.

Equação 17: Função de valor operacional para o cenário operacional 4

$$V(x) = E(x) + T(x) + 10 * [AL + TRL]$$

$$V(x) = 84 + 37.8 + 10 * [7 + 10]$$

$$V(x) = 138.8$$

Utilizando os valores da complexidade ambiental, da complexidade da tarefa, do AL e do TRL, é efectuada uma análise de risco simples para determinar se a operação a realizar pode ser executada em segurança com base apenas no cenário da missão e nas características do UAS. A análise de risco para este cenário de missão é efectuada ponderando o cenário de missão com as características do UAS. Com base na análise, esta missão pode ser executada com segurança com a configuração disponível do UAS nas condições ambientais dadas. Embora a tarefa e o ambiente sejam extremamente complexos, o UAS é muito competente e robusto nesta situação e, portanto, capaz de realizar este levantamento LiDAR complexo sem quaisquer alterações ou modificações em ventos fortes sobre uma cidade movimentada.

CAPÍTULO 7
ANÁLISE DE SENSIBILIDADE DA FUNÇÃO DE VALOR

Nos capítulos anteriores, criámos a função de valor e aplicámo-la a quatro cenários operacionais diferentes para calcular o valor operacional e efetuar uma análise de risco preliminar. Neste capítulo, utilizaremos dois cenários operacionais do capítulo anterior e efectuaremos uma análise de sensibilidade para cada um dos cenários, a fim de observar se os resultados da análise de risco e a quantidade de variação do valor operacional se alteram. A análise de sensibilidade é efectuada alterando o valor dos pesos atribuídos aos atributos de complexidade da tarefa de dois cenários diferentes. Para manter a simplicidade na realização desta análise, a lista principal de métricas, como as métricas para os tipos de infra-estruturas e os tipos de recolha de dados, não é alterada. Os valores dos atributos atribuídos à complexidade ambiental e à complexidade das tarefas também permanecem os mesmos que no capítulo anterior. Esta abordagem tem por objetivo assegurar uma comparação justa dos resultados, que só é conseguida através da alteração dos pesos dos atributos atribuídos.

O principal objetivo da análise de sensibilidade é investigar a robustez dos resultados obtidos a partir das funções de valor em termos de complexidade ambiental e de tarefas, a fim de compreender como a alteração dos pesos atribuídos aos atributos afecta os resultados finais. A análise de sensibilidade pode ainda ser explorada para avaliar o impacto de cada atributo nos resultados da análise de risco e no valor operacional final, e para efetuar uma análise de incerteza dos diferentes parâmetros deste modelo. Com base nas observações desta análise, podem também ser efectuadas alterações para melhorar a coerência do modelo de valor, de modo a que mesmo pequenas alterações nas ponderações atribuídas não resultem em alterações significativas dos resultados finais.

Cenário de exploração 1 Análise de sensibilidade

O Departamento de Transportes do Estado quer fazer um levantamento aéreo de alta resolução de uma estrada de 8 km no centro da cidade, utilizando uma câmara DSLR Canon EOS 70D montada sob um drone de asa fixa. O drone é capaz de voar numa trajetória pré-planeada pela estação terrestre e a missão deverá ter lugar num dia com boa visibilidade e ventos fracos.

Para efetuar a análise de sensibilidade, são inicialmente utilizados os mesmos parâmetros do cenário de funcionamento e os mesmos valores de atributos dos tipos de infra-estruturas e dos tipos de recolha de dados. Esta análise é efectuada alterando o equilíbrio das ponderações entre cada atributo do tipo de recolha de dados para determinar se os resultados originais da análise de risco se alteram. A ponderação do atributo da complexidade ambiental não é alterada nesta análise, uma vez que os cinco atributos são igualmente importantes e o principal objetivo deste teste é determinar se os resultados finais da análise de risco se alteram significativamente quando a ponderação da complexidade da tarefa é ligeiramente alterada. Para o efeito, são atribuídas cinco ponderações diferentes aos cálculos e determina-se se os resultados da análise de risco diferem das ponderações dos atributos atribuídas inicialmente.

Table 17. Análise de sensibilidade do cenário operacional 1

Attributes	Value	w_1	w_2	w_3	w_4	w_5
Equipment Weight	7	**0.3**	0.4	0.3	0.2	0.2
Composition	5	**0.2**	0.3	0.3	0.2	0.3
Proximity	2	**0.3**	0.2	0.2	0.3	0.2
Stability	4	**0.2**	0.1	0.2	0.3	0.3
Risk Analysis Results		**Safe**	Safe	Safe	Safe	Safe

Equação 18: Análise de risco do cenário operacional 1

$$IF$$

$$0.1 * [E(x) + T(x)] \leq AL + TRL$$

$$0.1 * [8 + 13.5] \leq 5 + 9$$

$$2.15 \leq 14$$

$$THEN$$

$$\textit{Operation safe with UAS configuration}$$

$$ELSE$$

$$\textit{Operation NOT safe with UAS configuration}$$

A formulação da análise de risco para o cenário de projeção 1, utilizando as ponderações inicialmente atribuídas no capítulo anterior, é apresentada na equação 18. A partir desta análise, se a desigualdade resultante do compromisso entre o aspeto operacional e as características do UAS for satisfeita, a projeção pode ser realizada com segurança com base na configuração disponível do UAS. Ao alterar a ponderação dos atributos de complexidade da tarefa, verifica-se que, embora o valor do lado operacional da equação se altere, os resultados finais da análise de risco não se alteram em relação à análise original em nenhum dos cinco casos diferentes, como mostra a Tabela 17. Isto deve-se ao facto de o valor do lado esquerdo da equação da análise de risco ser significativamente menor do que o valor do lado direito da equação e de a análise final não se ter alterado devido à alteração dos pesos dos atributos.

Cenário de exploração 2 Análise de sensibilidade

Um empreiteiro pretende realizar uma inspeção térmica por infravermelhos a um edifício residencial de três andares numa cidade para criar um mapa de perdas de calor utilizando uma câmara termográfica FLIR A6750sc SLS montada num UAV construído em casa e controlado por um controlador personalizado que não possui um sistema de auto-estabilização e de manutenção de altitude. A operação deve ser realizada num dia com boa visibilidade e velocidade média do vento, com controlo remoto manual a partir do solo.

À semelhança do caso anterior, utilizaremos inicialmente as mesmas métricas de cenário operacional e valores de atributos dos tipos de infra-estruturas e tipos de recolha de dados. A análise de sensibilidade é efectuada alterando o equilíbrio dos pesos entre cada atributo do tipo de recolha de dados para verificar se os resultados iniciais da análise de risco se alteram. Para o efeito, os cálculos são efectuados com cinco ponderações diferentes e é determinado qualquer desvio dos resultados da análise de risco em relação às ponderações dos atributos inicialmente atribuídas. Tal como no caso anterior, as ponderações do atributo complexidade ambiental não são alteradas para efetuar análises de sensibilidade, a fim de manter a simplicidade e compreender apenas os efeitos das ponderações variáveis.

Quadro 18: Análise de sensibilidade do cenário de funcionamento 2

Attributes	Value	w_1	w_2	w_3	w_4	w_5
Equipment Weight	7	**0.3**	0.4	0.3	0.2	0.2
Accuracy	8	**0.3**	0.3	0.2	0.2	0.3
Proximity	7	**0.2**	0.2	0.3	0.3	0.2
Acquisition Time	6	**0.2**	0.1	0.2	0.3	0.3
Risk Analysis Results		**Unsafe**	Unsafe	Unsafe	Unsafe	Unsafe

$$IF$$

$$0.1 * [E(x) + T(x)] \leq AL + TRL$$

$$0.1 * [42 + 79] \leq 4 + 8$$

$$6.73 \nleq 6$$

$$THEN$$

$$Operation\ safe\ with\ UAS\ configuration$$

$$ELSE$$

$$Operation\ NOT\ safe\ with\ UAS\ configuration$$

Equação 19 Análise de risco do cenário operacional 2

A formulação da análise de risco para o cenário de utilização 2, utilizando os pesos inicialmente atribuídos no capítulo anterior, é apresentada na equação 19. A partir desta análise, se o desequilíbrio resultante do compromisso entre o aspeto operacional e as características do UAS não for satisfeito, a missão não pode ser efectuada em segurança devido à configuração do UAS disponível ou à complexidade grave do ambiente ou da tarefa. Alterando a ponderação dos atributos de complexidade da tarefa, verificamos que, embora o valor do lado operacional da equação se altere, os resultados finais da análise de risco não se desviam da análise original para qualquer um dos cinco conjuntos diferentes de ponderações, conforme apresentado na Tabela 18. Verifica-se que, em todos os cinco casos, o valor do lado esquerdo da equação da análise de risco é superior ao valor do lado direito da equação. Uma vez que os resultados finais da análise de risco não se alteraram com a alteração das ponderações dos atributos, a robustez da formulação e dos resultados da análise de risco mantém-se mesmo quando são incluídas na formulação pequenas alterações nas ponderações dos atributos.

Cenário operacional 3 *Análise de sensibilidade Uma empresa que fabrica turbinas eólicas pretende efetuar uma inspeção ultra-sónica das pás da turbina eólica para identificar e localizar delaminações e microfissuras numa turbina eólica de 350 pés de altura numa área rural. Um UAV quadricóptero personalizado, utilizando um sistema de controlo de voo Ardupilot com navegação GPS, é controlado remotamente por um piloto para realizar esta tarefa.*

À semelhança do caso anterior, utilizaremos inicialmente as mesmas métricas de cenário operacional e valores de atributos dos tipos de infra-estruturas e tipos de recolha de dados. Nesta análise, a ponderação de cada atributo do tipo de recolha de dados é alterada para verificar se os resultados da análise de risco original se alteram. A ponderação do atributo complexidade ambiental não é alterada nesta análise porque os cinco atributos são igualmente importantes e o principal objetivo deste teste é determinar se os resultados finais da análise de risco se alteram significativamente quando a ponderação da complexidade da tarefa é ligeiramente alterada. Para o efeito, são atribuídas cinco ponderações diferentes aos cálculos e determina-se se os resultados da análise de risco diferem das ponderações dos atributos atribuídas inicialmente.

Quadro 19: Análise de sensibilidade do cenário operacional 3

Attributes	Value	w_1	w_2	w_3	w_4	w_5
Equipment Weight	9	**0.3**	0.4	0.3	0.2	0.2
Precision	8	**0.3**	0.3	0.2	0.2	0.3
Penetration	6	**0.2**	0.2	0.3	0.3	0.2
Scanning Area	8	**0.2**	0.1	0.2	0.3	0.3
Risk Analysis Results		**Unsafe**	Unsafe	Safe	Safe	Unsafe

Equação 20: Análise de risco do cenário operacional 3
A formulação da análise de risco do cenário operacional 3, utilizando os pesos

$$IF$$
$$0.1 * [E(x) + T(x)] \leq AL + TRL$$
$$0.1 * [42 + 79] \leq 4 + 8$$
$$12.1 \nleq 12$$
$$THEN$$
$$Operation\ safe\ with\ UAS\ configuration$$
$$ELSE$$
$$Operation\ NOT\ safe\ with\ UAS\ configuration$$

originalmente atribuídos no capítulo anterior, é apresentada na Eq. 20 acima. À semelhança dos dois cenários operacionais anteriores, a implementação da operação não é segura se a desigualdade resultante do trade-off for apresentada. Dos cinco casos analisados, o valor do lado esquerdo da equação da análise de risco é menor do que o valor do lado direito da equação em dois casos. Estas alterações nos resultados finais da análise de risco podem ser atribuídas principalmente ao facto de o valor do lado operacional da equação (LHS) estar muito próximo das características do UAV no lado direito da equação (RHS); a proximidade destes valores faz com que os resultados da análise de risco sejam muito voláteis em comparação com os casos anteriores. Este facto indica uma possível limitação do método ponderado utilizado para realizar a análise de risco.

CAPÍTULO 8
RESUMO, CONCLUSÕES E TRABALHOS FUTUROS
Resumo e conclusão

Este projeto de investigação fornece-nos uma visão abrangente dos diferentes tipos de aplicações SHM que utilizam UAS e como o valor e o risco destas operações podem ser quantificados utilizando uma abordagem de análise baseada no valor. O modelo de valor que criámos inclui aspectos críticos do UAS que executa uma missão SHM, tais como o ambiente da missão, os objectivos e tarefas da missão e as várias características físicas, de software e técnicas do UAS. O hardware e as características técnicas de um UAS de asa fixa e de um UAS multi-rotor foram decompostos nos seus subsistemas num DSM para mostrar claramente a relação entre todos os componentes. As tabelas AL e TRL foram igualmente utilizadas para quantificar o software e os atributos de "inteligência" do UAS. O ambiente e a complexidade da tarefa também foram representados como funções apoiadas por atributos e métricas a incluir nos valores operacionais e de risco finais e, utilizando estes quatro factores primários, foi criado o modelo de valor final, que constituiu a base para quantificar e analisar o valor operacional e de risco da operação do UAS. O modelo de risco serve de base para a análise da decisão sobre a necessidade de o operador de UAS efetuar a missão de voo tendo em conta a segurança. O valor operacional fornece ao operador de UAS um valor numérico final que pode ser utilizado para criar modelos de preços para as missões. Por último, a análise de sensibilidade realizada através da alteração dos pesos atribuídos aos atributos relacionados com a complexidade da missão e o ambiente nos modelos de valor e de risco demonstrou a robustez e a fiabilidade destes modelos.

Trabalho futuro

A investigação relacionada com a avaliação da autonomia dos UAS deve ser desenvolvida para realizar uma análise de risco baseada na probabilidade e gravidade de possíveis eventos, que pode ser apoiada por resultados de simulações estocásticas que considerem diferentes modos de falha durante o funcionamento de outros métodos tradicionais de SHM, como a inspeção manual, os sensores incorporados e o levantamento por avião ou helicóptero. As vantagens e desvantagens de cada um destes métodos podem ser comparadas utilizando os custos operacionais, a acessibilidade, a qualidade dos dados, o tempo total necessário, etc. como atributos de referência. Isto pode ser usado para criar uma comparação da qualidade e do valor em dólares dos dados recolhidos pelos diferentes métodos e, em seguida, usar um modelo de negociação para explorar uma abordagem combinada optimizada para a realização de uma SHM eficaz durante um longo período de tempo e a uma escala maior e multiestatal.

REFERÊNCIAS

1. "Secção 333 vs. Parte 107: o que funciona para si?" Administração Federal de Aviação, 29 de agosto de 2016.

2. "Unmanned Aircraft Systems Regulation" (Regulamento relativo aos sistemas de aeronaves não tripuladas). *On Integrating Unmanned Aircraft Systems into the National Airspace System* (n.d.): 43-62. *Report on Unmanned Aircraft Systems*. Plano do Sistema Regional de Aviação Geral e Heliporto do Centro-Norte do Texas, dezembro de 2011.

3. Valavanis, K., Paul Y. Oh, e Les A. Piegl. Prefácio. *Simpósio Internacional de Sistemas de Aeronaves Não Tripuladas sobre Veículos Aéreos Não Tripulados, UAV'08*. N.p.: Springer, 2009.

4. Collopy P, Bloebaum CL, Mesmer BL. Os papéis distintos e inter-relacionados da conceção baseada no valor, da otimização multidisciplinar da conceção e da análise da decisão. Documento apresentado em: 14ª Conferência de Análise e Otimização Multidisciplinar da AIAA/ISSMO 2012.

5. *Sistemas de aeronaves não tripuladas (UAS)*. Montrelal: Organização da Aviação Civil Internacional, 2011.

6. USDOT (2013). "Unmanned Aircraft System (UAS) Service Demand 2015-2035: Literature Review & Projections of Future Usage", DOT-VNTS C-DoD-13-01,

7. Hopkins, M., (2013). "UAS: The Future of Precision Agriculture", Crop Life, 23 de agosto de 2013.
http://www.croplife.com/equipment/precision-ag/uas-the-future-of-precision-agriculture/.

8. AUVSI (2013). "The Economic Impact of Unmanned Aircraft Systems Integration in the United States", <http://www.auvsi.org/econreport>.

9. "Os helicópteros não tripulados da Yamaha são concebidos para uma vasta gama de aplicações industriais e de investigação." *Yamaha RMAX | O helicóptero não tripulado de alto desempenho para uma vasta gama de aplicações industriais.*

10. Johnson, Eric, e Sumit Mishra. "Simulação de voo para o desenvolvimento de um UAV experimental". Flight Simulation for the Development of an Experimental UAV *(AIAA)*. AIAA, agosto de 2002.

11. Mac, Ryan. "O maior fabricante de drones do mundo, DJI, procura aumentar a avaliação de US $ 10 bilhões". *Forbes*. Revista Forbes, 14 de abril de 2015.

12. Rehman, Sardar Kashif Ur, Zainah Ibrahim, Shazim Ali Memon e Mohammed Jameel. "Non-destructive Testing Methods for Concrete Bridges: A Review". *Construction and Building Materials* 107 (2016): 58-86.

13. Balageas, Daniel, Claus-Peter Fritzen e Alfredo Gulemes. *Monitorização da*

saúde estrutural. Londres: ISTE, 2006.

14. Karbhari, Vistasp M., e Farhad Ansari. *Structural Health Monitoring of Civil Infrastructure Systems [Monitorização do estado de saúde estrutural de sistemas de infra-estruturas civis]*. Cambridge, Reino Unido: Woodhead, 2009.

15. Dr. Griffin. Como podemos melhorar a engenharia de sistemas? Comunicação apresentada em: 61º Congresso Internacional Anual, Praga, República Checa 2010.

16. NASA. *NASA Systems Engineering Handbook (Manual de Engenharia de Sistemas da NASA)*. Vol NASA/SP-2007-6105 Rev1, Washington, D.C.2007.

17. Mesmer BL, Bloebaum CL, Kannan H. Incorporação da conceção orientada para o valor na otimização da conceção multidisciplinar. *10º Congresso Mundial de Otimização Estrutural e Multidisciplinar (WCSMO)*. Orlando, Flórida, 2013.

18. Schlager, J. (julho de 1956). "Engenharia de sistemas: chave para o desenvolvimento moderno". *IRE Transactions* EM-3 (3): 64-66

19. Kannan H, Bloebaum CL, Memser BL. Incorporação de modelos de força de acoplamento em uma estrutura de engenharia de sistemas baseada em valor para otimização. *AIAA Aviation 2015 (16ª Conferência de Análise e Otimização Multidisciplinar da AIAA/ISSMO)*. Dallas, TX2015.

20. Murugaiyan S, Kannan H, Mesmer B, Ali A, Bloebaum CL. Um estudo abrangente sobre os requisitos de modelagem na formulação de valor em uma aplicação de sistema de satélite. *submetido à Conferência sobre Pesquisa em Engenharia de Sistemas.* 2016

21. Balaji, S., e M. Sundararajan Murugaiyan. "WATEERFALLVs V-MODEL Vs AGILE: UM ESTUDO COMPARATIVO SOBRE SDLC." *Revista Internacional de Tecnologia da Informação e Gestão Empresarial* 2.1 (2012): 26-30.

22. Collar, A. R. (1978). "Os primeiros cinquenta anos da aeroelasticidade". Aerospace. 2 5: 12-20

23. Mesmer B, Bloebaum CL, Kannan H. Incorporação do Value-Driven Design na Otimização Multidisciplinar do Design para uma Aplicação de Sistema de Satélite. *submetido a Structural and Multidisciplinary Optimisation.* 2014.

24. Bloebaum CL, McGowan A-MR. The Design of Large-Scale Complex Engineering Systems: Current Challenges and Future Prospects. Trabalho apresentado em: 12ª Conferência AIAA ATIO e 14ª Conferência AIAA/ISSMO MA&O, AIAA Paper2012.

25. Collopy PD (2009) Aerospace System Value Models: A Survey and Ovservations. Documento apresentado na AIAA Space 2009 - Conference and Exposition, Pasadena, CA, 14-17 de setembro

26. Collopy P, Hollingsworth P. Value Driven Design. Journal of Aircraft Vol. 48,

27. Norris, Donald. "1." *Construa o seu próprio quadricóptero: dê potência aos seus projectos com o Parallax Elev-8*. Nova Iorque: McGraw-Hill Education, 2014.

28. G. V. Bhatia, C. Wenger, N. S. Basha, T. R. Subramanian, S. Shihab. Projeto Final AERE 568X: Uma Comparação da Abordagem Tradicional de Engenharia de Sistemas com a Conceção Baseada no Valor e Incorporação de Incertezas - Um Estudo de Caso de Sistemas de Aeronaves. Paper. Ames, IA. dezembro de 2015

29. "Ficha informativa - Regulamentação das Pequenas Aeronaves Não Tripuladas (Parte 107)". Regulamentos de pequenas aeronaves não *tripuladas (Parte 107)*. FAA, 19 de setembro de 2014.

30. "Processo Multistakeholder: Sistemas de Aeronaves Não Tripuladas". Processo Multistakeholder: Sistemas de Aeronaves Não Tripuladas | *NTIA*. NTIA, 21 de junho de 2016.

31. Siegwart, Roland, Illah Reza Nourbakhsh e Davide Scaramuzza. *Introduction to autonomous mobile robots (Introdução aos robôs móveis autónomos)*. Cambridge (Mas.): MIT, 2011.

32. Kendoul, Farid. "Towards a Unified Framework for UAS Autonomy and Technology Readiness Assessment (ATRA)" [Rumo a um quadro unificado para a avaliação da autonomia e da preparação tecnológica dos UAS (ATRA)]. *Sistemas Inteligentes, Controlo e Automação: Ciência e Engenharia de Sistemas e Veículos de Controlo Autónomos* (2013): 55-71.

33. Huang, Hui-Min, "Autonomy Levels For Unmanned Systems (ALFUS) Framework, Volume I" (2008)

34. Autonomy Levels for Unmanned Systems Framework, Volume I: Terminology, Version 1.1, Huang, H. Ed., NIST Special Publication 1011, National Institute of Standards and Technology, Gaithersburg, MD, setembro de 2004

35. Huang, H., et al, "Characterising Unmanned System Autonomy: Contextual Autonomous Capability and Level of Autonomy Analyses," Proceedings of the SPIE Defense and Security Symposium 2007, Orlando, Florida, março de 2007

36. Huang, H., "The Autonomy Levels for Unmanned Systems (ALFUS) Framework--Interim Results," Actas do Workshop Performance Metrics for Intelligent Systems (PerMIS), Gaithersburg, MD, agosto de 2006

37. Huang, H., et al, "Autonomy Measures for Robots," Proceedings of the 2004 ASME International Mechanical Engineering Congress & Exposition, Anaheim, Califórnia, novembro de 2004

38. Huang, Hui-Min, "Terminology for the specification of autonomy levels for unmanned systems" (Terminologia para a especificação dos níveis de autonomia

dos sistemas não tripulados) (2004)

39.   "3DR Pixhawk Mini." *3DR*. 3D Robotics, <https://store.3dr.com/products/3dr-pixhawk>.

40.   "Drone. Dados. Decisões". *3DR Site Scan: A plataforma completa de drones comerciais*.
3D Robotics, <https://3dr.com/>.

41.   "Código aberto para drones". *Piloto automático de código aberto PX4 Pro*. <http://px4.io/>.

42. "Canon. *Kit Canon EOS 70D EF-S 18-135mm IS STM | Loja Online da Canon*. Canon U.S.A., INC., <https://shop.usa.canon.com/shop/en/catalog/eos-70d-18-135mm-is-stm-kit>.

43. FLIR Systems, Inc. "FLIR A6750sc SLS & MWIR". *FLIR A6750sc SLS & MWIR*. FLIR Systems, <http://www.flir.com/science/display/?id=67022>.

44. "Piloto Automático de Código Aberto ArduPilot". Piloto automático de código aberto *do ArduPilot*. ARDUPILOT, .<http://ardupilot.org/>.

45.   "UAV LidarPod®". *Routescene*. <http://www.routescene.com/products/product/uav-lidarpod/>.

46. "Especificações técnicas do Routescene LidarPod®". Routescene, <http://www.routescene.com/products/product/routescene-lidarpod-technical-specificatio ns/>.

47.   "A3." DJI Official, <http://www.dji.com/a3/info>.

48. "Matrice 600 - Simplesmente desempenho profissional." DJI Official, <https://www.dji.com/matrice600>.

ANEXO A

CÓDIGO MATLAB PARA O CÁLCULO DE VALORES OPERACIONAIS E ANÁLISES
DE RISCO

```matlab
% Akash Vidyadharan
% MS Thesis AerE
% Appendix A - Operations Value and Risk Analysis calculations
Clear,clc

% Scenario 1: DOT aerial survey of city road
E_1 = 2*((0.2*5)+(0.2*4)+(0.2*2)+(0.2*4)+(0.2*5));
T_1 = 3*((0.3*7)+(0.2*5)+(0.3*2)+(0.2*4));
AL_1 = 4;
TRL_1 = 9;
V_1 = E_1+T_1+AL_1+TRL_1;
if 0.1*[E_1+T_1]< AL_1+TRL_1
 disp('UAS Operation safe')
else
 disp('UAS Operation NOT safe')
End

% Scenario 2: Thermal map of building
E_2 = 4*((0.2*7)+(0.2*5)+(0.2*4)+(0.2*3)+(0.2*3));
T_2 = 7*((0.3*7)+(0.3*8)+(0.2*7)+(0.2*6));
AL_2 = 1;
TRL_2 = 5;
V_2 = E_2+T_2+AL_2+TRL_2;
if 0.1*[E_2+T_2]< AL_2+TRL_2
 disp('UAS Operation safe')
else
 disp('UAS Operation NOT safe')
End

% Scenario 3: Wind turbine blade Ultrasonic NDE
E_3 = 7*((0.2*9)+(0.2*5)+(0.2*8)+(0.2*6)+(0.2*2));
T_3 = 10*((0.3*9)+(0.3*8)+(0.2*6)+(0.2*8));
AL_3 = 4;
TRL_3 = 8;
V_3 = E_3+T_3+AL_3+TRL_3;
```

```matlab
if 0.1*[E_3+T_3]< AL_3+TRL_3
 disp('UAS Operation safe')
else
 disp('UAS Operation NOT safe')
End

% Scenario 4: LiDAR scan of bridge superstructure
E_4 = 10*((0.2*9)+(0.2*10)+(0.2*8)+(0.2*7)+(0.2*8));
T_4 = 6*((0.3*6)+(0.3*7)+(0.2*8)+(0.2*4));
AL_4 = 7;
TRL_4 = 10;
V_4 = E_4+T_4+AL_4+TRL_4;
if 0.1*[E_4+T_4]< AL_4+TRL_4
 disp('UAS Operation safe')
else
 disp('UAS Operation NOT safe')
end
```

Índice

I want morebooks!

Buy your books fast and straightforward online - at one of world's fastest growing online book stores! Environmentally sound due to Print-on-Demand technologies.

Buy your books online at
www.morebooks.shop

Compre os seus livros mais rápido e diretamente na internet, em uma das livrarias on-line com o maior crescimento no mundo! Produção que protege o meio ambiente através das tecnologias de impressão sob demanda.

Compre os seus livros on-line em
www.morebooks.shop

Printed by Books on Demand GmbH, Norderstedt / Germany